U0898758

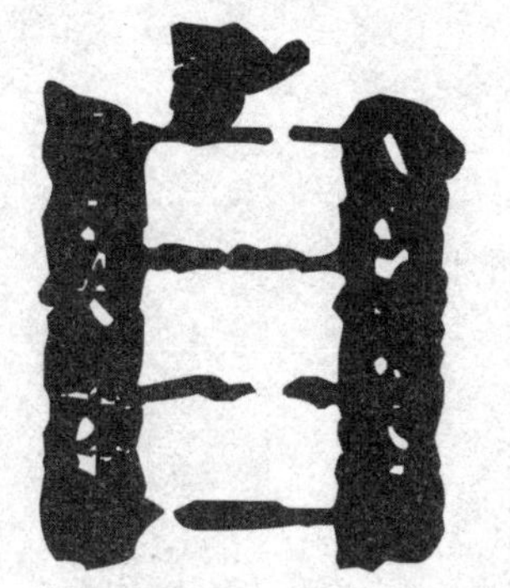

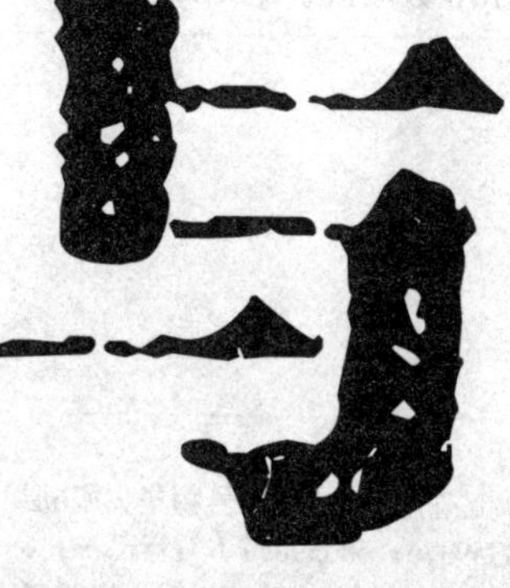

ZI
BEI YU
CHAO
YUE

【奥】阿尔弗雷德 · 阿德勒——著
薛冰——译

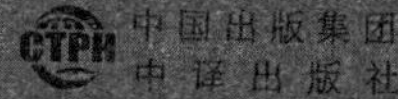
中国出版集团
中译出版社

图书在版编目（CIP）数据

自卑与超越 /（奥）阿尔弗雷德·阿德勒著；薛冰译. --北京：中译出版社，2020.2

（基础教育阅读工程）

ISBN 978-7-5001-6241-4

Ⅰ.①自… Ⅱ.①阿… ②薛… Ⅲ.①个性心理学 Ⅳ.①B848

中国版本图书馆CIP数据核字（2020）第024605号

出版发行：中译出版社
地　　址：北京市西城区车公庄大街甲4号物华大厦6层
电　　话：（010）68359376；68359827（发行部）；68357328（编辑部）
传　　真：（010）68357870　　　邮　　编：100044
电子邮箱：book@ctph.com.cn
网　　址：http: //www.ctph.com.cn

总 策 划：张高里
责任编辑：温晓芳
装帧设计：北京华夏墨香文化传媒有限公司

排　　版：北京华夏墨香文化传媒有限公司
印　　刷：三河市冀华印务有限公司
经　　销：新华书店

规　　格：880mm × 1230mm　1/32
印　　张：7
字　　数：118千字
版　　次：2020年12月第1版
印　　次：2020年12月第1次

ISBN 978-7-5001-6241-4　　　定价：39.80元

版权所有　侵权必究
中 译 出 版 社

译者序

阿尔弗雷德·阿德勒（Alfred Adler），1870年出生于奥地利维也纳郊区的小镇。他的父亲是一名做谷物生意的犹太商人。尽管家境相对优越，但阿德勒的童年并不幸福。在六个孩子中，他排行第三。他的哥哥体格强壮，是个典型的模范儿童，相比之下，他自己则从小就患有佝偻病，行动不便，看上去又小又丑。这种鲜明的对比使他产生了一种强烈的自卑感，而母亲对哥哥的偏爱则使这种自卑感愈加强烈。不过，在父亲的支持下，他逐渐走出了阴影，并且自卑感反过来刺激了他的上进心，使他一心想要超越哥哥。这一特殊童年经历，对阿德勒的心理学说的创作产生了重要影响。

5岁那年，一场肺炎差一点夺去了阿德勒的生命，这使他对死亡产生了强烈的恐惧心理。病愈之后，他决心要做一名医生。然而，他的求学之路并不平坦。刚上中学时，由于阿德勒的数学成绩不好而被视为差等生，老师甚至曾建议阿德勒的父亲，最好让阿德勒去当一名制鞋工人。这件事对阿德勒也产生了强烈的刺激，促使他努力学习，在数学上有了快速的提升。有一次，他甚至解出了一道连老师也感到头疼的数学题，从而成了班上的优等生。日后，阿德勒在回忆这件事时指出：人的潜力是无限的，只要肯去挖掘，每个人都有成功和飞跃的机会。这也是阿德勒个体心理学的一个重要原则。

1895年，阿德勒获得维也纳大学医学博士学位，成了一名眼科与内科医生。然而，他很快对与生理失调有关的心理学以及精神病理学发生兴趣。他对于弗洛伊德的《梦的解析》极为推崇，认为它对于了解人性具有极大的贡献，并且写了一篇对弗洛伊德的观点进行辩护的文章，发表在维也纳一本著名的刊物上。后来，弗洛伊德写信给他，邀他加入自己所主持的讨论会。1902年，阿德勒成为当时精神分析学派的核心成员之一，得到弗洛伊德极高的赞誉，并随后成为维也纳心理分析学会的主席，兼《心理分析学刊》的编辑。

然而，阿德勒与弗洛伊德观点的巨大差异，最终使两人彻底闹翻了。1907年，阿德勒发表了有关由身体缺陷引起的自卑感及其补偿的论文，这使其声名鹊起。他认为，人生本来并不是完整无缺的，有缺陷（包括身体缺陷）就会产生自卑，而自卑既能摧毁一个人，使人自暴自弃或发生精神疾病，也能使人发愤图强，振作精神，迎头赶上，从而解决原始缺陷和追求优越之间的矛盾。此时，弗洛伊德认为阿德勒的观点是对自我心理学的一大贡献，但是当阿德勒主张补偿作用是其中心思想时，便与弗洛伊德势同水火了。

阿德勒与弗洛伊德的真正决裂是在1911年的魏玛精神分析会上，阿德勒公然提出与当时的精神病理学权威弗洛伊德的理论不同的意见。他强调社会因素在精神病理学中发挥的重要作用，而不认同弗洛伊德一直所推崇的性欲、生理等方面是决定性因素的论点。阿德勒因对弗洛伊德的泛性论不能苟同而拆伙，继而发展自己的人格理论。其学说以“自卑感”与“创造性自我”为中心，并强调“社会意识”，甚至很大程度上否决了弗洛伊德认为精神病理学的最重要元素：俄狄浦斯情结，阴茎羡妒等理论。随后，阿德勒离开了维也纳精神分析学会，创建了个体心理学派并组建了自由精神分析研究会，且自任会长，研究会又在1912年正式更名为“个体心理学会”。

阿德勒认为，每个人在幼儿时期，就渐渐形成一种生活模式，并根据此生活模式而形成生活的主观目标。每个人的生活模式不同，因此，每一个人的主观目标不完全相同。研究心理过程应以每个人的特殊心理经验为对象，因此阿德勒的心理学被称为“个体心理学”。阿德勒强调人格的统一，认为人类可以从整合与完整的观点来了解。此看法强调人们的行为有其目的，认为我们的未来远比过去重要。我们是自己生活的主角与创造者，并以独特的生活方式来表达我们的目标。我们创造自己，而不仅受到幼年经验的塑造。

阿德勒一生著述颇丰，包括《儿童人格心理学》《神经症的性格》《器官缺陷及其心理补偿的研究》《理解人性》《自卑与超越》等。其中，《自卑与超越》著成于阿德勒思想最成熟的1932年，书中包括了作者最主要的思想，堪称阿德勒心理学的巅峰之作。在本书中，阿德勒从生命的意义、心灵与肉体、自卑感和优越感、梦等十二个方面对自己的观点进行了阐述，并指出：自卑是人类的通病，也是失败的根源，一个人只有克服了自卑，才能实现生命的超越。

时至今日，《自卑与超越》作为一部心理学经典著作仍然广受好评，以各种语言在世界各个角落不断传播。希望这个版本的《自卑与超越》能够让更多的中国读者顺利地理解书中的思想，并作为生活的指导为大家提供帮助。当然，由于译者水平有限，书中难免出现疏漏之处，希望各位读者朋友不吝指教。

目 录

第一章 生命的意义

第二章 心灵与肉体

第三章　自卑感和优越感

第四章　早期的记忆

第五章　梦

第六章　家庭的影响

第七章　学校的影响

第八章　青春期

第九章　犯罪及其预防

第十章 职业

第十一章 人及其同伴

第十二章 爱情与婚姻

第一章　生命的意义

生活对于我们的意义

人类的生活离不开“意义”，我们一生所经历的所有事物并不是单纯的事物，而是为了要弄清这些事物对我们生活的意义。即便是我们生活中最最简单的事物，也被掺杂了我们个人的观点和看法。“木头”是“与人类本身相关的木头”，而“石头”是“作为人类生活元素之一的石头”。一个人如果试图跳出“意义”的范畴，生活在单纯的环境中，那么，他必将非常不幸。他将因此失去与周围人沟通的基础，而他的行为对人对己也毫无意义。没人能脱离意义。我们通常用我们赋予现实的意义来感受现实，所以我们所感受到的现实并不是现实本身，而是我们对现实的理解。因此，我们可以这样认为：每个人感受到的意义或多或少总是不全面的，甚至是不正确的。所以，意义的领域是充满谬误的。

如果我们问一个人：“生活的意义是什么？”他们多半会答不上来。通常，人们不会思考这个看似空洞却很困扰的问题，或者是用些老套的答案敷衍过去。但是，自从人类出现开始，这个问题就已经存在了。在我们的年代，有时候年轻人，甚至老人，也会问：“我们为什么活着？生活的意义是什么？”当然，他们一般是在遭受挫折后才会想到这种问题。如果一切都顺顺利利，生活中没有遭遇到任何困难或挫折，他们绝不会提出这样的问题。

通常，人们自己的行为就已经诠释出了他们所认为的生活的意义。如果我们忽略一个人的言辞，只去观察他的行为，就会发现：任何人对“生命的意义”都有自己的理解，而且他的所有姿势、态度、行为、表情、礼貌、抱负、习惯及特征等都与这一意义相契合。他的举止都表明他似乎对生命的某种理解深信不疑，他的一举一动都蕴藏着他对这个世界及自己的看法。这似乎在向全世界宣布：“我就是这样的，世界就是那样的。”这便是他赋予自己以及生活的意义。

生活的意义因个体不同而不同，所以生活的意义也就数不胜数，但是，每个人对生活的意义都多多少少有一些错误的认知，没有任何人对它的认知是绝对正确的；同时，一种为人所用的生活意义也绝非完全错误的。任何生活的意义都介于这两个极端之间，但不同人所认知的生活的意义存在高低之分：有些意义很美妙，有些却较糟糕，有些意义错得少，有些却错得多。此外，我们还可以总结出较好的生活意义的共同特征，而这些特征正是那些差强人意的生活意义所欠缺的。因此，通过不断的经验总结，我们可以较“科学”地找到一个生活意义的公共尺度，一个公共的意义。这个意义能帮助我们解释与人类有关的真实社会。在此，我们必须牢牢记住：这里的“真实”是针对人类而言的，针对人类的计划和目标而言的。此外，别无真理。即便有，也与我们无关。我们无法知道这些真理，而这些真理也毫无意义。

生命的三个事实

任何人的生活都受限于三个事实，而且他必须考虑到这三个事实。每个人在现实生活中都脱离不了这三个事实，他面对的所有问题都源于这三个事实。因此，他总是被迫回答由这些事实引起的一系列问题。我们从他的答案里就能发现他对生命意义的理解。

事实一：我们都生活在地球这个小行星上，并且无法脱离它。受限于这一事实，我们必须依靠地球上的各种资源和限制而生存、繁衍，为了保证人类生命的不断延续，我们必须发展自己的肉体和心灵。我们所做的任何行为都是我们对人类生活状况的回答：它们反映了什么事情是我们觉得必要、合适、可能和可取的。我们是人类，人类居住在地球上，任何答案都必须考虑到以上这一事实。

考虑到人类生命的脆弱以及我们生活环境的危险，为了我们自己的生命和全人类的幸福，我们必须锲而不舍地去更好地诠释我们的答案，使它具有前瞻性且前后一致。这就像是做一道数学题，我们必须绞尽脑汁、竭尽全力去寻求答案，而不能靠猜测或碰运气。尽管我们不可能找到一个能一劳永逸、绝对完美的答案，但我们还是要竭尽所能地寻找完美的答案。并且，我们要坚持不懈地为寻求更完美的答案而奋斗。当然，所有答案都必须把“我们受限在地球上”这一事实，以及地球环境带给我们各种有利和不利的因素考虑在内。

事实二：我们不是人类的唯一成员，我们身边还有其他人或种族，而且我们必然会与他们相互联系。因为人类的脆弱和局限，单个人是无法独自生活，单独完成自己的目标的。如果一个人不与他人合作，他终会走向失败或死亡。鉴于单个人的脆弱和限制，一个人无法延续自己的生命和完成人类的繁衍，为了自己的幸福和整个人类的幸福，他必须与周围的人发生联系。综上所述，我们在生活中的所有行为，都必须考虑到我们与其他人一起生活在地球上这一事实。为了我们自己生命的延续和人类的未来，我们离不开与其他人的联系，这一点毋庸置疑。

事实三：人类分为男女两种性别，个人以及全人类生命的延续都要考虑到这一事实。这一事实在生活中以爱情和婚姻的形式束缚着我们，任何男女都逃脱不了爱情和婚姻这二者的约束。每个人对待爱情和婚姻的行为都各不相同，但他们的行为会体现出他们对两性这一事实的答案。同样，他们的行为也显示他们坚信自己对于这一问题给出的答案是正确的。

以上这三大事实引发了三大问题：第一，在地球有限环境的制约下，我们怎么找到一个得以谋生的职业？第二，如何在同类中谋得一个位置，用以相互合作并且分享合作的利益？第三，我们如何调整自我以适应“人有两性，并且依赖爱情和婚姻延续人类命脉”这一事实？

个体心理学研究发现，一切人类问题均可概括为：职业、社会和性这三类。个人对于生命意义的解释，都可以体现在他解决这三大问题的行为之中。举例说明，如果一个人爱情不顺利，工作也不是很努力，朋友也很少，而且觉得与身边人相处很困难，那么，从他生活中所遭受的这些约束和限制，我们可以判断：他认为“活下去”是一件艰难且险象环生的事，他的生活之路缺少机遇，而且布满挫折。他活动范围很窄，这也表达出他对生活意义的理解：“生活的意义就是把自己圈起来，逃离其他人，避免自己受伤害。”

反之，如果一个人爱情甜蜜、生活幸福、工作顺利、交友广泛且成果累累，那么，我们可以推断：这个人认为生命是一件富有创造性的事情，它充满机会，并且只要有勇气，没有克服不了的挫折。在他看来："生命的意义就是与同类携手共同进步，作为团体中的一员，为人类幸福献出自己的一分力量。"

社会情感

从以上两个例子，我们可以看到错误的"生命意义"和正确的"生命意义"各自的共同之处。那些失败者——精神病患者、犯罪分子、酗酒者、问题少年、自杀者、堕落者、妓女——失败的原因是他们对社会缺乏兴趣，在社会中没有归属感。他们不论是在工作、友谊，还是性生活方面遇到问题时，都不相信能通过合作来解决这些问题。生命的意义对这些失败者而言，只对他本人有意义，即任何人都不能在他人的成功中受益。他们眼中的成功只是一种虚假的自我成就感，他们所谓的成功对其他人根本没有意义。

这就像是一个手握凶器的罪犯，他以为自己手中掌握的是一种无上的权力，但实际上，其他人根本不这么认为，他手中的凶器丝毫不能提高他在人们心中的地位。事实上，只属于个人的意义没有任何意义。这也适用于我们的目标和行为：只有当它们对于他人有意义时，才是真的有意义。每个人都努力地想让他人看重自己，但这取决于一个人能够给他人的生活带来贡献。如果不能认识到这一点，他必将走向歧途。

有这么一则关于一位小宗教团体领袖的小故事。一天，这位领袖召集所有的教徒，告诉他们，下周三将会是世界末日。教徒们都万分恐慌，立马回家变卖家产，抛下尘世的俗念，惴惴不安地等待着世界末日的来临。可是，周三过去了，却什么事都没有发生。于是，第二天，他们向这位领袖抱怨道："看看我们目前的处境吧，我们放弃了很多财产，还转告身边每个人这周三将是世界末日。被人嘲笑时，我们还再三强调这一消息来源可靠。可现在都周四了，世界末日在哪儿呢？"这位领袖说道："我所谓的周三是就我个人而言的，它不是你们的周三啊！"很明显，他是用个人的意义来逃避谴责，因为个人的意义他人是不能当真的（即周三是我的世界末日，但对于你们并没有意义啊）。

所有真正"生命意义"的衡量标准在于：它们是共同的意义——是分享给他人、同时他人也能够认同的意义。一个好方法能解决个人在生活中遇到的问题，也应该对他人解决类似问题有帮助，这个有效的方法能够适用于人们解决生活中的共同问题。即使天才，也只能当身边其他人认同他的才能时，才能成为天才。由此可见，生命的意义是给团体做出贡献。在这，我们所说的不是职业行为，而是说真正的成就。能够很好地解决人们生活中遇到各种问题的人，似乎都已经清楚地认识到这一点：生命的意义在于关心他人并与他人合作。他所做的每一件事，都是按同类的喜好进行，而他解决问题的方法也绝不会损害他人的利益。

生命的意义在于奉献，关心他人，相互合作，对此，他们也许会怀疑这一观点，对多数人来说，这也许是一种新观点，他们不禁会问："那我们个人怎么办呢？要是总让一个人心系他人、奉献自己，那他个人不会很痛苦？为了个人的适当发展，一个人总要适时地考虑下个人的利益吧！难道个人不应该在先保护个人利益、发展个人人格的前提下，再讲奉献吗？"

这种观点是极其错误的，它所提出的问题也是错误的。如果一个人赋予他自己生命的意义是对社会、对他人有所贡献，并且他的所有情感都指向这一目标，他必然会不断地提高自己，使自己能够为社会做出更大的贡献。他会调整自己来适应目标，培养自己的社会责任感，通过不断学习来充实自己，使自己具备解决生活中各种问题的能力。以爱情和婚姻为例，当一个人深爱自己的伴侣时，会希望对方幸福，自然会发挥出浑身的潜力与才能。反之，如果我们并没有设立让对方幸福的目标，就会肆意地发展个性，变得让人讨厌，并且自己也不会快乐。

另一点也可以证实生命的意义在于奉献。回顾一下祖先为我们遗留下来的财富，我们都看到了哪些呢？这些保留下来的遗产，都是先辈们为人类生活做出的贡献。我们祖先耕种过的土地，先辈们修建的公路和建筑物，还有传统文化、哲学、科学技术，以及我们处理人类种种问题的技巧，所有这些都是先辈们在生活中相互交流的结果，是他们为人类幸福做出的贡献。

那些不愿与人合作的人，那些只讲个人意义的人，那些只知道“怎么逃避生活”的人，他们死后留下了什么呢？他们没有留下丝毫痕迹。他们活着对他人、对社会毫无意义。就连地球也嫌弃他们：“你们毫无用处，谁都不需要你们。你们的目标和奋斗，你们的价值观，都毫无意义。没有人需要你们！走开吧！消失吧！”对于那些只讲个人生活意义的人，我们的评价是：“你的生命没有任何的意义。没有人需要你们，走开吧，消失吧！”当然，当今的社会和生活中还是有一些不尽如人意的地方。一旦发现，我们要毫不迟疑地改进。当然，改进是为了人类谋求更多的利益。

大多数人都深知：生命的意义在于对他人、对社会的奉献，为此他们不断培养自己的社会责任感和爱情。许多有宗教信仰的人，都怀有普度众生、救苦救难的情怀。只要稍加留意，你就会发现许多的伟大运动，其目的都是为社会、为大众谋取更多的利益，而宗教一直致力于这一目的。然而，宗教的本质已被人们误解，如果它不能更直接地致力于为社会谋取福利，人们将很难在它现在的表现中看到这一点。事实上，个体心理学与宗教一样，也在致力于为人类谋取更大的福利，且有过之而无不及。请相信，不论是宗教、政治还是个人心理学，他们的最终目标是一样的——提高人们对社会的兴趣，加强人与人之间的合作，为全人类谋取更多的利益。

成长期儿童的经历

从出生的那一刻起，人们就开始尝试着探寻“生命的意义”。就算是个小婴儿，也会试着确定下自己的力量，以及自己的力量在周围的生活中占多大的比重。在儿童成长时期的第五年，孩子们便形成了自己特有而固定的行为模式，有了自己处理问题的模式，我们称之为“生活模式”。此时，他们已经对“能从这个世界和自己这儿得到什么”有了深刻而持久的概念。之后，他们会根据一张固定的统览表来看待世界。经验还未被接受，就已经被阐述了，而且这种阐述是依据孩子生命之初赋予生活的意义进行的。

即便这种意义荒谬至极，即便这种处理问题和事情的方法会带来一连串的痛苦和不幸，孩子们也不会轻易放弃。唯有让他们重新审视造成这种错误阐述的境地，意识到错误的根本，并且修正统览表，之前那种错误的生活意义才会被纠正。然后，他们才能正确地调整好自己的处理模式。然而，如果没有来自社会的压力，他们就不会意识到之前方式的错误，而且会在错误之路上一错再错。通常，在专业人士的帮助下，一个人才能更好地更正先前错误的生活模式，并建立起更为正确的生活意义。

人们童年时期的境遇可以有各种不同方式的解读。对于童年的不愉快经历，不同的人会赋予不同的，甚至相反的意义。比如，有的人对于童年的不愉快不会念念不忘，他只会想："我要努力改变这种不利的环境，给我的下一代创造更好的生活环境。"另一类有过相似遭遇的人则会认为："生活并不公平，别的人总占便宜。世界待我如此不公，我为何要善待这个世界？"这也就解释了为何有些父母总爱对孩子们说："我小时候经历了很多苦难，也熬过来了，你们怎么就受不了呢？"还有一些人会想："我的童年很不幸，所以我现在的行为是可以被谅解的。"这三种人赋予生活三种不同的意义，并都体现在他们的行为中。只要他们对生活意义的诠释不变，他们的行为也不会改变。

基于以上原因，经验不能决定成败，个体心理学与决定论分道扬镳。我们不会被挫败性的经历——即所谓的"创伤"所困扰，而只会从中汲取适于我们目标的部分。我们不会被我们的经历所决定，只会被我们赋予的这些经历的意义所决定。假如我们把某种经历作为未来生活的基础，那么我们必定要被其误导。环境并不能决定我们生活的意义，我们自己赋予环境的意义决定了我们自己。

身体缺陷

儿童时代的某种环境很容易孕育很严重的错误意义，大部分失败者都是在这种环境下长大的儿童。这类儿童包括那些有先天缺陷或自幼患病的小孩。这些儿童经历了痛苦，心理负担重，很难意识到生命的意义在于奉献。如果没有十分亲密的人将他们放在自身问题上的注意力吸引开，他们将只注重自己的感受。之后，他们会拿自己的不足与他人对比，于是便会感到自卑。在当今社会，同龄人对他们的怜悯、应付或躲避也会加重他们的自卑感。这些境遇会使这些孩子变得孤僻内向，丧失自己在社会上应有的存在感，并会错误地认为这个世界羞辱了自己。

我想，研究存在器官性缺陷或内分泌异常儿童所面临困难的，我是第一个。尽管这方面的研究进展颇多，但发展方向却非我所想。自始至终，我都在寻找各种方法来克服这些困难，而非寻找能将这种失败归咎于遗传因素或身体缺陷的证据。身体缺陷并不能决定一个人就得持有错误的生活意义。我们绝对找不到腺组织（glands）会对他们产生相同影响的一对小孩。事实上，我们常会看到小孩克服自己的困难，同时还培养出一种大有用处的才能。

因此，个体心理学根本不吹捧优生选择理论。很多对人类文化做出巨大贡献的人，都存在先天的身体缺陷。他们中有许多人都饱受病痛折磨，有些甚至英年早逝。然而，正是这些与身体缺陷或与外在困难环境斗争的人，给我们的社会文明带来了进步和贡献。这种抗争使他们变得坚韧不拔，为社会做出超出常人的贡献。我们不能仅以身体条件来判断一个人心灵是好是坏。虽然，事实证明，现实中身体或内分泌有缺陷的儿童，大部分都是失败的。如前面所讲，他们只有经过专业人士的指导，才能走向正途。但实际情况是，童年时，他们的困难和痛苦被人忽视。因此，他们多数都变得自我，目光只停留在自身的困难和缺陷上，而这注定了他们成年后会成为一个失败者。

娇惯

第二种导致儿童形成错误生活意义的因素，就是娇惯溺爱孩子的环境。被长期娇惯的孩子，把自己当小皇帝，认为自己不用努力就能得到一切。他们觉得自己天生就与众不同。因此，一旦他到了一个不以他为中心，他人不将考虑他的感受当主要目标的环境时，他就会失落、恐慌，觉得全世界都亏欠他。他的长辈只教会他索取，没教会他付出。他不懂任何其他与人相处的方法，都是别人伺候他。因此，他不懂得独立，不知道他自己也能做事情。一旦遇到困难，他只知道求别人帮忙。他相信，如果他再次获得显耀地位，如果他能让人们觉得他很特殊，他的境遇就会再次被改善。

这类孩子长大成人后，没准会成为我们社会群体中的危险分子。他们嘴上说道自己是“好意”，且行为“谄媚”，但私底下，他们会随时损害他人利益。处理日常事务时，如果要求他们像常人一样进行合作，他们就不愿意了。有的人的反抗更加大胆：一旦失去习以为常的谄媚和顺从，他们就觉得别人背叛了他，觉得整个社会与他们为敌，所以他们将会报复社会。假如社会对他们的生活方式显示敌意，他们就会把这种敌意作为社会亏待他们的新证据。这就是惩罚对这类人无效的原因，它们仅能加深“每个人都反对我”这一观点。但是，被宠坏的孩子无论是公开反抗还是暗中破坏，无论是以柔术驾驭别人还是以暴力报复社会，他们的行为实际都是基于他们错误的生活意义。我们还会发现，其实他们在面对同一问题时在不同时期会采取不同的手段，但他们却从未更改目的。他们觉得：生命的意义是唯我独尊，我是最重要之人，我要得到我想要的一切。只要他们继续奉行这样的生活意义，他们采取的任何方法都将是错误的。

被忽视

第三种容易诱发错误生活意义的因素，是被忽视儿童所处的环境。这类儿童对爱和合作没有什么概念，因为他们从来没体会过这些，所以他们赋予生活的意义中也不会包括这些。当他们在生活中遇到困难时，他们不会去寻求帮助，并且他们总是会低估自己解决问题的能力，以及周围人们的善意。也许之前身边的人忽视过他们，所以，他们便认定整个社会是冷漠的，且永远都是冷漠的。他们不明白，只要他们愿意帮助别人，他人也会乐意帮助自己或与他们合作。他们怀疑他人，甚至也不相信自己。事实上，情感因素在一个人的成长过程中发挥着举足轻重的作用，比任何经验都重要。孩子出生后，母亲首先要做的一件事就是获取孩子的信任，并引导他去信任周围其他的事物。如果母亲没能给孩子带来安全感或让孩子信赖自己，那孩子在之后的成长过程中很难对身边的人或物产生兴趣或信任。任何人都有对周围事物产生兴趣的可能，但这需要培养和启发，否则，就很难发生这种可能。

通过研究被忽视的儿童发现，这类孩子很孤僻，不愿与人交往，也不愿与人合作。如前文提到过那样，这种个体只会走向灭亡。但事实上，这种完全被忽视的孩子是不存在的，因为完全没有被照顾或关怀的孩子是无法活下来的。因此，我们讨论被忽视的儿童指的是那些被照顾的较少，或在某一方面被忽视的孩子。这类被忽视的儿童都对社会或人们缺乏依赖或安全感。讽刺的是，成年人中的失败者多数都是孤儿或者私生子。

从小生活在身体缺陷、被娇惯或被忽视环境中的儿童，最容易赋予生活错误的意义，几乎所有这类孩子都需要被帮助来更正他们错误的生活意义。只要我们真正地关心他们，我们就会发现他们的每个行为都体现着他们对生活意义的阐释。

童年记忆的重要价值

研究证明，梦和记忆都很有意义。一个人的人格在梦中和清醒时是一样的，不过人在梦中社会压力较小，防卫较为松懈，人格能更轻松地表现出来。但是，最能帮助人们了解一个人生活意义的还是记忆。记忆是一个人认为值得记住的事情，一段记忆即使再短暂，只要它能被记起，就说明它在这个人记忆中很重要。“这是你期望的时期”“这是你想逃避的事物”“这个能造就你的生活”，我再次重申：每一段记忆都是值得被纪念的。

童年早期的记忆对于了解一个人的生活意义很有价值。其原因有两个：第一，一个人对于自我和环境的最初影响存在于童年记忆之中。它们是个人首次综合地评价自己的外貌和自我，以及对他人评价。第二，儿童早期的记忆是个人主观意识的开始，也是个人记录生活的起点。所以，在记忆中，我们可以发现他在什么情况下觉得脆弱或不安，或是他觉得达到怎样的目的才会感到强壮或安全。其实，在心理学家看来，个人认为的第一段记忆是否真的就是他人生的第一段记忆，或者这一记忆是否真实并不重要，重要的是童年记忆对一个人的生活意义带来什么影响。

让我们从下面例子中看一下童年早期记忆对人生活意义的影响。一个女孩的早期记忆："咖啡壶从桌子上掉了下来，把我烫伤了。"这便是她眼中的生活。如果之后的生活中，她一遇到困难，就表现的惊恐万分、孤独无助，那么，我们无须惊讶；如果她觉得别人没有照顾好她，也无须惊讶，因为大人是要多么粗心大意才会让弱小的婴儿遭遇那么大的危险！

另一个学生也有类似的早期记忆："我在 3 岁左右时，曾在婴儿车上摔下来。"因为这个最初记忆，之后的日子他重复做一个噩梦："世界末日来了。我在半夜醒来，天空是火红火红的，月亮和星星们都纷纷坠下来，地球也马上撞上另一个星球。就在它们马上相撞时，我就惊醒了。"我们询问这个孩子他害怕什么事物时，他说害怕失败。显然童年的那段记忆让他觉得生活多灾多难，成功并不容易。

还有一个 12 岁的男孩，因为夜尿以及频繁地和母亲发生冲突，被送到医院。他叙述最初的记忆时说："我躲到一个衣柜里，但妈妈以为我丢了，她发疯似的跑到大街上找我。"

这段最初记忆似乎让他意识到：制造麻烦能让他引起别人的关注。通过欺骗或愚弄他人的方式让他自己被注意，他就能得到某种安全感。夜尿是他引起别人关注和担心的一种手段。他母亲对于他夜尿行为的担心和紧张，让他更加认同了这种生活意识。同前面的例子一样，这个男孩很早就形成一种观点：外面的世界危机四伏，他只会在别人担心自己时才感到安全。只有通过这种方式，他才能确定当他需要保护时，其他人会跑来帮助他。

有一位 35 岁的女性，有这样的最初记忆：3 岁那年，一次，她独自一人下到地窖去。当她摸黑走下楼梯时，比她大一点的堂兄突然跟下来，她受到了惊吓。根据这段记忆，我们判断她不爱与其他人玩耍，特别是异性同伴。我们猜测她是独生女。事实证明，确实如此，而这位女性至今未婚。

下面的例子表现出孩子社会感的进一步形成。一个女孩这样描述自己的记忆："我记得我妈妈曾让我帮忙推小妹妹的娃娃车。"这段记忆显示出她喜欢和比自己小的孩子玩，以及很依赖母亲。当家庭中有新婴儿出生时，父母可以让年长的孩子参与到照顾幼儿的活动中来，这样他们会对幼儿产生兴趣，也产生一种责任感。如果年长的孩子乐于配合，那么他们就不会介意父母花费过多的精力到幼儿身上，也不会感到自己在父母心中的地位受到威胁。

乐于和他人玩耍，并不表示他对别人感兴趣。另一个女孩回忆自己的最初记忆时说："我和姐姐，还有其他两个女孩一起玩耍。"这可以推断她喜欢和别人玩耍。但是，当问到她最害怕什么时，她回答："我怕别人不理我。"从这，我们又看到她缺乏独立性，她只是害怕孤独，而并非真的对人有兴趣。

当我们正确地理解了生命的意义时，才能够真正了解人格。可能你会说：人性是无法改变的。这种说法只适用于那些不了解人格之人。况且，如果我们找到了扭曲人性的初始错误，并给以正确的指导和帮助，那么人性是可以被改变的。简单来说，就是培养他们对他人的兴趣和善于合作的精神。

合作的重要性

唯有合作才能避免我们产生精神疾病。所以，我们要鼓励儿童与他人合作，并在日常生活和游戏中锻炼他与其他孩子独立的交流。任何妨碍孩子合作的行为都会给孩子带来严重的影响。比如被娇宠惯了的孩子，只对自己感兴趣，他进入学校后，并不会对其他学生产生兴趣。他对学习感兴趣，极有可能是为了获取老师或家长的宠爱。他也只接受在他看来对自己有利的事物。在他成年时，缺乏社会感所带来的后果在他身上显得越发明显。而他也不会重视或努力培养自己的社会责任感或独立性，他也就无法独立地面对生活中的困难了。

对于这种缺乏社会责任感的人，我们不应一味地指责，而是当他意识到自己的错误后，我们帮助他重新建立起责任感就好。我们不能要求一个没学过地理的孩子在地理考试中成绩优异，也不能要求一个没受过合作训练的人，在接受一个需要合作能力的工作后，表现得乐于合作。生活中，任何问题的解决都离不开合作，而这些合作都是以奉献社会为前提，只有在生活中懂得奉献的人，才能勇敢地面对困难，获得成功。

如果我们的老师、家长和心理学家能够理解：孩子们在赋予自己生活意义时可能犯错，那么只要我们相信，通过我们的不懈努力，孩子们终会改正错误的生活意义。他们不再推卸责任、不再要求被特殊照顾、不再设法博取同情，或者感到自卑而自我放弃。他们终会意识到：每个人都有自己的人生、自己的责任，我们要独立地解决问题，主宰自己的人生。倘若人人都能独立自主，乐于和他人合作，那么，人类社会将会奋斗不息、进步不止。

第二章　心灵与肉体

心灵与肉体的相互作用

究竟是心灵支配肉体，还是肉体控制心灵？这是千百年来人们一直争论不休的论题。哲学家们就这个问题已进行了千百次的争辩。但是，不论是唯心主义哲学家，还是唯物主义哲学家，都未能略胜一筹。也许，个体心理学的研究能帮助解决这一问题，因为个体心理学研究的就是心灵与肉体的互动关系。对心灵与肉体均亟须治疗的病人，如果我们诊疗依据的理论是错误的，我们也无法救治他。所以，我们的理论必须源于实践，又能经得起实践的检验。每个人都受到心灵与肉体之间相互作用的影响，所以我们必须积极地寻找两者间的正确关系。

个体心理学的发现解决了二者谁支配谁这一争端。它们并不是“谁高谁低”的问题，我们把心灵和肉体看作是生活这一整体的两部分，二者相互作用。人类的生命在于运动，但仅仅运动也是不行的，运动的方向或目的又需要头脑的指导。植物植根于土壤，它们不能移动。假设植物有心灵，仅仅是某种意义上的心灵，那也是令人吃惊的。但即使一种植物能有心灵，这对它也毫无意义。就算它能想到“有人来了，他马上便会踩到我，我要被他踩死了”。这想法对它又有什么用？它还是逃不掉！

但是，凡是能动的动物，都有预见性和决定行动方向的能力。

即他们具有心灵或灵魂。

“你当然有思考，否则你就无法行动”——《哈姆雷特》第三幕，第四场。

可见，预见并指导行动是心灵的主要作用。认识到这一点后，我们便明白了是心灵支配着肉体：它决定运动的目的。人的运动要有目标或方向，否则，四处乱撞或来来回回的运动毫无意义，所以心灵能够指导肉体的运动。但运动的主体是肉体，所以，肉体也对心灵有所限制。心灵只能在肉体的能力范围内支配身体进行运动。比如心灵想使肉体飞向月球，但如果不依靠能克服肉体极限的特殊技术，心灵是不能达成目标的。

人类是所有动物中最擅长运动的，不单是运动的形式多样——比如人类手的复杂运动——而且他们还可以通过运动有目的地改变周围的环境。因此，我们不难判断：人类心灵预见未来的能力会发展得更快，并且他们也表现出正努力地发展自己预见能力的样子，使人类在地球占有更强的支配地位。

此外，在人类的东西中，通过为了实现各个目标而进行的各种动作，我们还能发现一个共同的单一动作。即我们所有的动作都是为了谋求一个给我们带来安全感的地位：我们克服了生活中的一切困难，最终战胜了周围的环境，安全地生活着。为了这一目标，一切行动和表现都要相互配合。所以，心灵也不得不努力地为实现这一终极目标而努力发展。

肉体也一样，它也要朝一个早已存在于胚胎中的理想目标发展。比如肉体的表皮划破了，身体各部分都会统一起来努力帮助伤口愈合。然而，这并不是单单依靠肉体的自身潜力，在这个发展过程中，它需要心灵的帮助。运动、训练以及一般卫生学价值已经证实，皮肤伤口的恢复过程中肉体与心灵都发挥了作用。

从一个生命的诞生到死亡，心灵和肉体都是作为一个整体而相互作用存在的，都是整体不可分割的部分。心灵就像一个发动机，它能调动肉体中的各种潜能，指引肉体达到一个安全之处。肉体每一次运动，都包含着心灵的意义。一个人眨眼、动舌头、活动脸部肌肉，他的任何一个脸部表情都具有一种意义。这种意义是心灵赋予的。现在我们可以明白心理学（即心灵的科学）究竟研究什么。它旨在研究人每种表情的意义，以及他的目标，并将他的目标与别人的目标相对比。

在追寻安全地位这一目标的过程中，心灵必须把这一目的分成具体的小目标，必须确认安全地位的具体方向和实现这一目标的具体措施。当然，在这个过程中难免会犯错，但若不确定目标、定好方向，就不会有任何行动。假如我动手，我心里肯定是先有了这个想法。心灵确定的方向可能会有偏差，并导致走错道路，但这是因为心灵当时认定这一方向是正确的。任何心理上的错误，都是选择运动方向时出了错。安全位置这一目标是人类所共有的，但某些人判断错了方向，并固执前行，于是便踏上了歧途。

当我们无法辨明一种疾病或表现的意义，如果想了解一下，那么了解它的最佳方法如下：首先，将它简化或分解为一个个简单的动作。以偷窃为例：偷窃是指将别人的东西据为己有。这个动作的目标是：让自己富起来，通过占有更多财物的方式来达到增加个人安全感的目的。所以，这一运动的出发点是贫穷感。其次，我们要找出这个偷窃者在什么环境及什么情况下感到贫穷。最后，我们要看为改变这种环境、克服个人的贫穷感，他采取的方式是否得当，他的动作是否用了正确方式？我们不能批评他的最终目标，但是能去评判他在实现其最终目标时采取了错误的方式。

情绪的作用

我们称人类对环境所做的改变为文化。人类的文化是肉体受到心灵的激发所做出的一系列运动的结果。心灵启发我们的行动，指导并帮助我们肉体的发展。总之，人类的任何表情都受到心灵的作用。不过，过于夸大心灵的作用，并不明智。我们若想克服困难，还是要依赖强健的身体。因此，心灵参与控制环境，避免肉体受疾病、死亡、损伤、意外损害等一系列活动的伤害。因此我们要发展个体思考和鉴别环境优劣的能力，提高心灵预见能力来保护肉体。心灵支配着肉体，却又受肉体的控制。个人心灵是由个人的目标和生活方式决定的。

显然，个人的生活方式并非控制其行为举止的唯一因素。缺少其他辅助力量，一个人的态度并不会导致其行动，它们必须得到情绪的增援，才能产生行动。个体心理学的新观点就是：情绪不可能与生活方式有冲突。一旦确立了目标，情绪便会为了实现这一目标进行自我调节。因此，我们所讨论的早已超出生理学或生物学的范畴了。化学理论解释不了情绪的产生，化学检验也无法预测它。在个体心理学中，我们的兴趣所在是心理目标，但我们必须先假设生理存在过。比如我们研究焦虑这一情绪时，需要研究焦虑对交感神经和副交感神经的影响，但焦虑的原因及目标才是我们最在意的。

综上所述，焦虑并不是性压抑和出生时的难产导致的，这种解释毫无根据。我们知道，一个一直被母亲陪伴、帮助和保护的孩子，会惊奇地发现焦虑——不管他为何而焦虑——都能很好地控制其母亲。我们也不仅仅只满足于对愤怒的生理描述。经验告诉我们，愤怒是一种控制人或情境的有效工具。我们必须承认，一切生理特征和心理特征都是先天形成的，但我们更应当注意这些先天之物在我们努力实现最终目标的过程中所起的作用。这就是心理学唯一正确的研究方法。

在每个人的身上，我们都可以看到：情感会向实现个人目标最为重要的方向和程度成长、发展。他的焦虑与勇气、欢乐与悲伤，都与他的生活方式一致，与他相关的力量和优势、他的期望相吻合。如果一个人通过悲哀来实现他的优越感，他绝不会因为自己实现了目标而深感愉悦和满足，他只在痛苦万分时才会感到幸福！我们还注意到：情感来去自由。恐惧症患者，当他在家里或控制他人时，他的焦虑感便会消失。每个神经症患者都回避他认为生活中无法控制的事物。

同生活方式一样，一个人的情感也是稳定的。例如，懦夫就是懦夫，就算他面对弱者时很傲慢，被人保护时很勇敢。他给家门上三把锁，靠看门狗和防盗铃来保护自己，同时却又声称自己勇敢无畏。谁也证明不了他焦虑，但他那一个个夸张的保护自己的行为，足以证明他性格中的懦弱。

性与爱这方面也是如此。当某个人对性有了兴趣，他自然会产生性的目标。他只有排除其他与性的目标无关、设置冲突的兴趣，才能专注于性这一目标，从而才能激发出相关情感和功能。假如他舍不得放弃那些不相符的兴趣，便会产生不恰当的情感和功能。例如阳痿、早泄、性欲倒错和性冷淡。这些反常应归咎于他错误的优越感和不恰当的生活方式。通常，我们会发现：这类病人只期望被他人体贴，却不去关心他人；他们缺乏社会感，又不能勇敢地去争取成功。

我有一个男性病人，他在家中排行老二，他一直被一种犯罪感深深折磨着。他的父亲和兄长以做人诚实为本。这孩子 7 岁时，他在学校告诉老师他的作业是他独立完成的，但实际上，作业是他哥哥代做的。此后 3 年，他一直因此事心怀罪恶感。最后，他跑到老师那里坦白了他可怕的谎言，但老师只是一笑置之。接着，他又哭着向他父亲认错，这次他更成功，父亲以他的诚实为荣，还表扬并安慰了他。虽然父亲原谅了他，但这孩子仍旧很沮丧。我们只能下这种结论：他为如此小错来深深地责备自己，只是想证明自己的诚实。家里高尚的道德风气，使他在证实这一品质上超越他人。在学习中和社会上，他都比不过哥哥，所以他只能用自己的方式来赢取优越感。

此后，在生活中的各个方面他都产生了自卑，并痛苦不堪。他染上了手淫，在学校也未完全改掉欺骗行为。每到考试之前，他的犯罪感就更加强烈。由于他的心理负担过重，他更没法取得像哥哥那么好的成绩。每到这时，他就给自己找各种借口。从大学离开后，他本想找一份技术性工作，但是这种强迫性的犯罪感时常折磨他，他整日整夜地祈求上帝原谅。这样，他没时间工作。

最终，他的心理状况严重到不得不送去精神病院，到这儿，人们以为他无可救药。但一段时间后，他的心理状况大为改观。离开了医院时，院方让他保证病情复发时要再次入院。随后，他改学艺术史。又是一个考试前夕，他居然在一个周末跑到教堂，五体投地地拜倒在大家面前，大声喊道：“我是所有人中罪孽最重的一个！”于是，他再一次让大家注意到了他的善良。这样，他的内心又一次崩溃了。

在医院又待了一阵后，他回家了。一天，他竟然赤身裸体地跑去餐厅吃午饭！他身材健硕，这方面确实能与哥哥一较高低。

犯罪感是他觉得比他人更诚实的方式，也是他努力获取成就感的方式。不过，他在生活中一直走向歧途。他逃避考试，不找工作，这都表明了他的懦弱和无所适从。他的任何精神症状都是为了逃避可能发生的失败。他在教堂自责、冲动地进入餐厅，这都是他用卑劣的手段谋取优越感的表现。他的生活方式需要他做出这样的行为，而他带来的感情与其目标也完全符合。

上一章说过，个体在四五岁时已经开始建立心灵和肉体的整体联系。在此期间，他将遗传的身体以及在周围环境中形成的观念相结合，并完善它们以适合他对优越感的追求。他的人格已经形成。他对生命意义的定义、他追求的目标、他完成任务的方式、他的情感，这些都已成定形。日后，这些也可以被改善，但前提是，他必须先消除童年期形成的错误观点。他以前的观念和行为与他对生命意义的解释一致，同样的，他纠正了错误的统览观后，他新的观念和行为也会与新的认知相符。

个体正是通过其感官与环境发生关系，来获取各种观念。因此，从个体发展自己肉体的方式，能反映出他打算从环境中接受的观念，以及他打算如何利用自己的经验。我们只需要注意一个人的行为举止，就能很好地了解他。这便是行为很重要的原因。因为，任何一个行为举止背后必有意义。

现在，我们为我们对心理学的定义再添加一项内容。心理学可以让我们理解为何人类心灵会有巨大差异。如果肉体不能与心灵相协调，便很难适应环境，肉体便阻碍心灵的发展。所以，天生就有身体缺陷的孩子，心灵的发展也会稍迟于正常孩子，他们的心灵也较难影响和支配肉体朝更优越的方向发展。他们若想实现和他人同样的目标，便要付出更多的心灵努力，更加集中他们的心智。这样，他们的心灵便会不堪重负，于是他们也变得以自我为中心。如果一个孩子的注意力总集中在自己的身体缺陷和行动不便上，那他很难有时间对外界事物感兴趣。那么长大后，与其他人相比，他的社会感和合作能力也会较差。

身体缺陷会给个人发展带来许多障碍，但这些障碍绝不是个体无法摆脱的。只要心灵积极向上，决心要摆脱这些障碍，个体便能取得跟正常人一样的成功。事实上，身体缺陷虽然给这些儿童带来阻碍，但这也能激励他们取得超出常人的成绩。例如，一个视力不佳的孩子，要想看得清楚，他就要比视力正常的同龄人更专注，他对世界、对区分颜色和形状更加感兴趣。最后，与那些视力正常却很少用心观察世界的正常儿童相比，他更会欣赏这个世界。

所以说，身体的缺陷也能带来优势，关键是心灵能找到克服身体缺陷的有效方法。

画家和诗人中不乏视力不好者，但他们的心灵帮助他们克服了缺陷带来的困扰，最后他们视角远胜正常人。这类补偿现象在一些左撇子儿童身上更容易看到。这些习惯用左手的孩子，不论是在家中还是在学校学习时，大家都在训练他们使用没有优势的右手。因此，虽然他们的右手肯定不擅长写字、画画或做手工，但假若他们的心灵克服了这一困难，并有意地训练右手，那么这只有缺陷的右手会变得像左手一样灵巧。实际上，很多左撇子儿童在写字、画画和手工方面也做得很出色。因为他们寻找到了正确的方法，通过不断练习，化缺点为优点。

只有那些一心为社会做贡献，且不只对自己感兴趣的儿童，才能成功地学会如何弥补自身的缺陷。那些只想逃避困难的孩子，定会被他人落下。只有决心克服自身缺陷，并不断为这一目标而奋斗的孩子，才能最终具备克服这一缺陷的能力。这是一个兴趣和注意力指向何处的问题。在努力实现目标的孩子眼中，困难只不过是前进路上要清除的阻碍。反之，那些兴趣和注意力只在自身不足上的孩子，他们不可能取得真正的进步。一直笨拙的右手，仅靠想象而不去训练是不能变得灵巧的。而孩子想把右手训练的灵活的想法，肯定是在他备受笨拙的右手带来的挫败感刺激后才产生的，而现实中的训练使这一想法成真。一个孩子在设定一个行动目标后，才会集中全部精力去克服一个困难。这个目标基于他对现实、对他人和对与人合作的兴趣。

在调查一些具有遗传性肾病的家庭时，我发现了一个能很好证明遗传缺陷能被转变的例子。这些家庭的许多小孩都有夜尿症。他们的身体确实有缺陷，这可以从肾、膀胱或脊椎分裂（spina bifida）中显示出来。他们的这种缺陷也可以从腰椎附近的胎记等看出来。不过，这种缺陷不一定会导致夜尿。小孩不完全受控于其器官，他还以自己的方式使用它们。例如，一些小孩晚上尿床，但白天却不尿裤子。这种习惯有时候也会因为环境或父母态度的变化而突然消失。如果孩子不再利用他身体上的缺陷来达到某种目的，夜尿症是可以被治好的。

但是，大多数夜尿症儿童不愿停止尿床，而是愿意继续尿床。如果母亲经验丰富，就可以通过正确的指导，帮助孩子克服夜尿症；如果母亲经验不足，孩子就会继续尿床。那些患有肾或膀胱疾病孩子的家庭，家长会过度关注与孩子排尿有关的问题，并想尽办法帮孩子克服夜尿症。一旦孩子意识到大人十分重视这一问题，他通常会继续保持这种疾病。他认为这是反抗父母教育很好的方法。对父母教育方式不满的儿童，总能抓住父母的弱点来进行反击。

德国的一位著名社会学家发现：相当一部分罪犯的父母都从

事与打击罪犯相关的工作，比如法官、警察或狱警等。而一些老师的孩子也十分顽劣。我自己的经验也能证实这一点。我还发现：医生的子女不少都患有精神病，牧师家也出现很多问题少年。同样，如果父母过分关注孩子排尿，小孩更会通过尿床来表明他们有自己的主张。

夜尿症也是一个能有力证明我们如何用梦来表达自己意志的例子。经常尿床的儿童会梦见他们已起床去厕所了，这样他们便说服自己可以尿了。夜尿症孩子的目的是：吸引父母的注意力，让父母夜晚也会关心他们。有时尿床也是他们向父母表示不满的手段。不管我们怎么看，夜尿症真是一种富有创意的表现：孩子们不是在用嘴说，而是用膀胱说话。身体缺陷帮助他们提供了表达自己的方式。

以这种方式表现自己想法的孩子都是有心理压力的。通常，他们之前一直是父母的焦点，但现在父母的重心转移到别处了。也许是父母又生小婴儿，他们觉得父母越来越忽视自己。于是，他便用尿床的方式来表示抗议："我还没长到你想象的那样大，我仍然需要被照顾。"

患有不同身体缺陷的儿童在不同的环境下，为了实现目标所采取的方式也不相同。比如，有些孩子会通过半夜哭闹等寻求亲近母亲的机会，有的小孩则会采取梦游、做噩梦、掉下床或口渴要喝水的方式。但引起这些病症的心理学背景都是相同的。不过孩子具体会表现出哪种症状，一方面取决于自身条件，一方面取决于周围的环境。

这些例子清晰地表明了心灵对于肉体的影响，心灵不单能影响身体症状的发展趋势，还极可能影响到整个身体的发展。对此假设，我们没有直接的证据，也还不清楚如何才能找到这种证据。

但是，有些证据确实是显而易见的。一个胆怯的小孩，其胆怯将表现在他身体的发展上。他不会关心强大自己的身体，甚至不敢想象自己能拥有强大的身体。因此，他从不会想着系统而有效地训练自己的肌肉，也无视那些一般会刺激自己产生锻炼肌肉想法的事情。而当正常孩子对锻炼肌肉感兴趣，并不断强健自己的体魄后，那些胆小并对强健身体毫无兴趣的孩子，身体发展就会明显落后。

由此我们自然可以断定：肉体的整体发展受心灵的影响，并反映出心灵上的错误和不当。我们时常会发现：一个人身体状况的不适，一般是由他的心灵未能找出应对身体障碍的方法所导致的。例如，在四五岁之前，孩子的内分泌腺肯定会受到心灵的影响。分泌腺的缺陷对个体的行为不会产生决定性的影响，但是，腺体的发展却会受到整个环境、孩子对周围事物所形成的观点及其心灵的创造性活动的影响。

也许另外一个例证更能让大家了解并接受心灵对肉体的影响，因为我们对与此相关现象更为熟悉，这种现象导致的身体状况是短暂的，而并非永恒的。这就是：在某种程度上，个体的每种情绪都会在身体上得以表现。个体的感情都会被身体以某种形式表现出来，可能表现为姿势的变化，可能表现为脸部的表情，也可能表现为四肢颤抖。例如，如果一个人脸色发红或变白，必定是其血液循环受到影响。愤怒、焦虑、悲伤，每种情绪都会表现在我们的动作或表情中。每个人都有自己的身体语言。

当处于自己恐惧的情况下时，有的人浑身发抖，有的人汗毛直立，有的人会心惊肉跳。还有的人会冒冷汗、呼吸急促，声音嘶哑或身体僵硬。有的人会失去平衡。有的人会没有胃口，呕吐。对有些人来说，情绪会影响到其膀胱，而有些人受影响的却是性器官。进行考试时，许多儿童觉得性亢奋；有些罪犯犯罪后，会直接跑去找伴侣发泄性欲。在科学领域，部分心理学家认为性欲与焦虑有关，而有些心理学家却认为两者毫无关系。这些都是基于他们个人经验的主观观点。

这种反应要因人而异。我们的调查显示，这些反应与遗传多少有关。在特定的环境下，同一家庭的成员极可能产生相似的行为。然而，更有趣的是，我们可以观察心灵是怎样通过情感激发身体来做出特定的行为的。

我们可以从个体的情绪及其行为中看出：心灵在面对它认为有益或有弊的情况时，如何做出反应或反馈。例如，当某人突然发脾气时，他认为解决问题的有效方法就是痛打、指责，或者攻击别人。另一方面，愤怒也会影响到器官。有些人一发怒就会胃疼或脸红。血液循环发生的巨大变化甚至让他感到头疼。在偏头疼和习惯性头疼的背后，常常隐藏着被压抑的暴怒或羞辱。而且，愤怒还会引起某些人三叉神经痛或癫痫性痉挛。

我们尚未完全研究透心灵对肉体的影响方式。因此，我们还无法把他们的关系解释得十分清楚。个体感到紧张时，自主神经系统和非自主神经系统均受到影响。一旦产生紧张情绪，自主神经系统必会采取行动，如拍桌子、紧咬嘴唇，或撕纸。当一个人产生危险感时，咬铅笔头或咬手指头都能让他释放紧张感。一些人在陌生人面前脸红、发抖、抽搐，也是这一道理。它们都是由焦虑或紧张情绪引起的。这种紧张感由非自主神经系统传遍全身各处。这种紧张感一旦产生，全身就会处于紧张状态。然而，这种紧张感在身体各处的表现不会一样明显，我们这里讨论的病症是在身体上表现比较明显的行为。

如果我们更深入地研究，便会发现：身体每一部分都参与情感的表达，而且身体的行为都是心灵与肉体相互作用的结果。审视心灵与肉体之前的相互关系极为重要，因为它们是我们所关注的整体的两个部分。

从这些证据中，我们完全可以得出这样的结论：一个人的生活方式及其相应的情感表达，会一直影响身体的发展。若儿童的性格及生活方式早已定型，只要经验足够丰富，我们便可以预测到他今后的各种身体表现。勇敢者的心态会影响他体格的发展，他的体格会异于常人，肌肉会更健美，仪态会更大方。勇敢的生活方式是造就其健美体魄的原因之一。勇敢者的面部表情、身体外形，甚至骨骼结构都可能与众不同。

现如今，心灵影响大脑的运作已是公认的观点。病理学有许多这样的案例：一个人因大脑右边球受损伤而失去读写能力，但通过训练大脑的其他部分，又重获读写能力。当一个人中风或大脑受损部分无法恢复时，通过训练大脑其他部分可以分担失去的功能，并恢复各器官的功能。这一点在我们证明个体心理学可能被运用于教育时，显得极为重点。如果心灵能对大脑施加上面所说的影响，如果大脑只是心灵的工具——虽然这个工具很重要，但它也只是工具——那么我们可以找到开发或改善这种工具的方法。大脑不够强大的人，就不会一生都受其约束：他可以通过找到训练大脑的合适方法，锻炼大脑以达到更适于目标性生活方式。

倘若心灵设定的生活方式是错误的。比如，不愿发展与人合作的能力，它便不能对大脑的成长产生有利的影响。正如我们所见：如果儿童缺乏与人合作的能力，在今天的生活中，他的智力和理解力都不会得到正常的发展。因为成人的所有行为举止都可以展现出他在四五岁时形成的生活方式对其带来的影响，及其世界观和赋予生活的意义所产生的结果，所以我们便能找到他在寻求合作上遇到的困难，并帮其克服。在这门科学的研究上，个体心理学家已经迈出了第一步。

身形、性格与心智

许多学者曾指出过：在心灵表达与肉体表达之间存在着一种固定的关系，但还从未有人尝试找出这二者间的真正关系。例如，克雷奇默曾研究过如何通过一个人的身体特征找出与其符合的心理特征和情感特征。这样，他便可以将人们分成几类。比如，那些脸圆、鼻短的人多会发展为肥胖的人，如恺撒大帝所说：愿周围的人都肥壮，肩膀光滑，通宵安眠——《恺撒大帝》第一幕，第二场。

克雷奇默认为这样的体格与某种特定的心理特征有关，但他却没有说明为何二者之间会有因果联系。在生活中，像这类体格的人身体上大多没有缺陷，他们的身体能较好地适应我们的文化。他们的身体与常人一样健康，且对自己的强壮充满信心。当他们想要与他人竞争时，也不会紧张，不担心自己会失败。而且，他们不会把他人设为仇敌，也不认为生活中处处是竞争。某些心理学家称其为外向者，但没有解释为何这么称呼他们。然而，我们称其为外向者，是因为他们的身体从未感到过焦虑。

克雷奇默将另一种相反类型的人分为有神经质的人，他们有些长得弱小，多数是瘦高个、鼻子长、鹅蛋脸。克雷奇默认为这类神经质的人一般性格内敛，喜欢内省。他们易得神经分裂症，他们是恺撒大帝所说的这种人：看，卡修斯身形枯瘦、心机颇深，这种人很危险——《恺撒大帝》第一幕，第二场。

这类人也许是受身体上缺陷的困扰，成年后变得较为自私、悲观、内向。他们也会希望得到他人更多的帮助，如果未能得到足够的关注，他们就会心生怨恨、起疑心。但是，克雷奇默也承认，有些人属于混合性格，肥胖人群中也有人具备瘦高型人的心理特征。如果他周围的环境迫使他的性格往另一错误方向发展，他也会变得胆小懦弱。通过计划性的刺激，我们没准能把任何类型的小孩变得神经质。

如果我们经验足够丰富，就能够根据一个人的各种表现判断其与人合作能力的强弱。实际上，人们一直在寻找这种暗示。生活中处处都需要我们进行合作，我们也凭直觉在努力寻找出各种暗示，从而帮助我们在一片乱麻的生活中确定正确的生活方向。如我们所知：每次历史大变革之前，人们对变革的必要性都心知肚明，并为实现这一变革拼搏奋斗。但是，如果仅靠本能来奋斗，就肯定要犯错误。同样的，人们出于本能对身体畸形或有缺陷的人报以偏见，认为这些人不太好合作。这肯定是错误的，他们的判断仅仅是基于自己的经验。目前，我们还不能找到合适的方法来提高身体有缺陷者的合作能力，他们的缺陷也被人们过度地强调，并被大众排挤、歧视。

现在，我们总结一下前面的观点。在四五岁的时候，孩子们就统一了自己的心灵发展方向，建立起心灵与肉体的固定关系。他们有了固定的生活方式，并形成了与其配合的情绪和行为模式。这种生活方式多多少少、不同程度融进了合作成分。我们可以从合作程度上了解一个人。例如，所有失败者都具备一个相同点：合作能力太弱。据此，我们可以给心理学再下一个定义：它是对个人合作能力强弱的研究。心灵是一个整体，生活态度伴随其一生，那么一个人的情感和思想定会与他的生活方式相符。如果我们看到某种情绪给个体带来困扰，并且对其个人利益不利，那我们仅仅调整这种情绪是徒劳的。这一情绪是个人生活方式的真实表现，只有改变了生活方式，才能彻底去除这种情绪。

对于教育和治疗的未来，个体心理学为我们提供了一个新的指引。对于个体的病症，我们不能单单从一个病症或某一方面进行治疗，我们必须着眼于他的整个生活方式、心灵对其经历的解读、他赋予生活的意义，在他对从身体和外界得到的印象做出反应而采取的行动中，找出其错误所在，这就是心理学的主要任务。真正的心理学不会用针扎小孩来测试其能蹦多高，不会用搔痒来看他笑得有多欢乐。这些是现代心理学中常见的现象，也能告诉我们一些关于个体心理学的知识，但是仅限于证明个人是有一种固定的生活方式的。

生活方式是心理学最适合的研究对象和调查对象，研究其他对象的心理学家其实主要是在研究生理学或生物学的问题，对于那些调查刺激和反应的人，那些企图找到“创伤”——即震惊经历——造成的影响的人，那些研究遗传能力、观察其发展方向的人，这一说法都十分合适。然而，在个体心理学中，我们研究的是灵魂本身，是统一的心灵，是个人赋予世界和自我的意义，他们的目标、努力方法，以及解决生活问题的方式。迄今为止，我们了解个体间差异的最佳办法，就是研究个体合作能力的强弱。

第三章　自卑感和优越感

自卑情结

个体心理学的最大发现——“自卑情结”，已是众所周知了。不同派别和学科的心理学家都已采用这一术语，并将其用于实践。但是，我怀疑他们是否已完全理解并正确运用了这一术语。例如，告诉病人他有自卑情结，而不告诉他如何克服自卑，这是没有意义的，无非是再次增加其自卑心理。我们要做的是找到他在生活方式中的困扰，并在他缺少勇气时鼓励他。

神经症患者都有着自卑情结，但是仅凭这一点也无法治好他。对这类患者说：“你有自卑情结！”这样根本不能增加他的勇气。这就像你跟一个患头痛症的人说：“我知道你有什么毛病，你患了头痛症！”

当你问神经症患者是否感到自卑时，他们多数都会回答：“不会。”有的甚至会说：“正相反。我觉得自己高人一等。”所以，我们没必要去问他们，只需要观察他们的行为举止。因为行为能表明他们如何看待自己。例如，如果看到一个傲慢自大之人，我们能猜到他在想：“人们都轻视我，我要让他们看看，我可是个人物。”如果看到一个人说话时肢体语言过多，我们能猜到他在想：“如果我不用动作加强，别人会觉得我说服没分量。”

我们相信，这些行为傲慢或夸张的人心里一定有着某种强烈的自卑感。这就像一个个子矮的人，他走路时总爱踮脚尖儿，以为这样能显得他高点。再如，两个小孩子比身高时，担心自己矮的孩子总会挺直身子站得笔直，从而让自己显得比实际要高些。如我们问这个小孩："你是觉得自己太矮吗？"我想我们会很难听到他肯定的回答。

但是，这不能表明，有强烈自卑感的人就是柔弱、安静、很拘谨的。自卑感的表达方式多种多样。让我们看一下下面这个故事。有三个小孩，他们都是头一次去动物园。当他们站在狮子笼的面前时，一个孩子躲到妈妈身后说："我要回家。"另外一个孩子脸色苍白，用颤抖的声音说："我一点都不怕。"第三个孩子恶狠狠地瞪着狮子，问他妈妈："我能向他吐唾沫吗？"实际上，这三个孩子内心都害怕，但每个人根据自己的生活方式，以自己的方法表达了这种情绪。

我们每个人都有不同程度的自卑感，因为我们都想要改善自己所处的地位。如果我们始终怀着勇气，我们便能以直接、有效的改变来摆脱我们的自卑感。没有人能够一直忍受自卑，一个人能够通过自己实实在在的努力把它甩掉。即使一个人气馁了，觉得自己即使不断努力也改变不了自己的处境，他依然不会一直承受自卑感，他仍会想方设法摆脱它，只是他摆脱自卑的方式毫无意义。他的目标仍然是"不为困难所动"，但他不是想着克服困难险阻，而是说服麻木自己去寻求一种优越感。但这样做，只会让他的自卑感更强，因为导致他自卑的环境一直未变，导致他自卑的根源依然存在，他所采取的每一步行动都是在进行自我欺骗，他面临的问题会让他越发的自卑。

若我们只看他的行为而不加以思考，就会认为他始终没有目标。在我们看来，他未曾想过要改变他所处的环境。但是，我们能看到他一直努力地想让自己像其他人一样顺畅，却放弃了任何能改变其处境的机会，所以他的一切努力都是白费力气。如果他觉得自己软弱，他会创造使自己觉得强壮的情境。但他不是想着把自己训练得强壮，而是说服自己将自己想象得更强壮。他自欺欺人的努力，只会获得某种程度的成功。当他感到无法解决这方面的问题时，他会变得暴躁，并想以此来证明其重要性。但不论他采取何种方式欺骗自己，他的自卑感仍未改变。它们依然是曾经的情境造成的自卑感，并将一直伴随他生活，一旦遇到类似情境，自卑感会再次显现。我们称这种情况为“自卑情结”。

现在，让我们为自卑情结下一个明确的定义：当一个问题出现时，某个人无法解决它，并表现得无所适从，这种情绪便是自卑情结。这个定义告诉我们：愤怒、泪水和道歉都可能是自卑情结的表现。因为自卑感会带来压力，迫使个体采取补偿性举动来取得优越感，但其目的不是为了解决问题。这些行动只是做一些表面文章，其努力寻求的优越感对生命毫无意义，而对真正的问题，他却视而不见。他会想尽一切办法去避免面对失败，这种人总是犹犹豫豫、做事畏缩不前。

上面这种态度，在广场恐惧症患者中表现得很明显。这类患者认为：“我不能走得太远，不能远离我熟悉的环境。生活充满各种危险，我必须时刻防备。”若一个人总是持有这种态度，他便会把自己关在房内，或整日待在床上。

在困难面前，最极端的退缩方式就是自杀。在面对生活中的各种困难时，这个人放弃寻找解决问题的方法，并以自杀来表达自己对面对的困难已完全无计可施。若我们能认识到自杀是自杀者进行谴责或报复的行为，就能理解他是在以自杀来争取优越感。自杀者总爱把自杀的原因归咎于他人，他仿佛在说：“我是如此温柔、脆弱的，你怎能如此残忍地待我。”

神经症患者总会限制自己的活动范围，尽量减少与外界的联系。在生活中，他想逃避一切困难，躲在自己能控制的环境中。他就像为自己修筑了一间狭小的堡垒，与世隔绝地虚度一生。至于他是严厉地或是温和地统治这个堡垒，就要视其经验而定——他会采取他认为最为有效的方式进行管理。当一种方法见效甚微时，他会尝试另一种，但不管哪种，其目标不变——获得优越感，而不是努力改变其处境。

例如，一个沮丧的小孩发现哭泣能让他达成愿望，他会变得爱哭。爱哭娃娃长大极可能变为忧郁症患者。泪水和抱怨——我们称之为“水的力量”——是拒绝与人合作或想奴役他人的有利的武器。这类人和那些害羞、拘谨、有罪恶感的人一样，他们身上也明显具有一种自卑情结。他们一般极力表达自己十分脆弱，无力照料自己。但同时，他们隐藏起自己想超越他人的目标，以及自己不惜一切代价以高人一等的愿望。一个爱自夸的孩子，一见之下，我们也许会看到他有优越情结，但如果我们避开其言谈而只观察其行为举止，很快就能发现他所不想承认的自卑感。

所谓的“俄狄浦斯情结”实际上只不过是神经症患者有“狭窄小屋”的一个特例而已。如果一个人害怕认真地在世界范围对待爱情问题，他就无法解决爱情这一问题。如果他把自己局限在家庭这个小圈子中，那么毫无悬念，他会在这个小圈子里解决其性欲。因为缺少安全感，除了最熟悉的几个人，他对其他人都不感兴趣。他已习惯于控制自己圈子里的人，但害怕不能同样控制其他的人。被母亲娇宠的儿童都是俄狄浦斯情结的牺牲品。他们所受的教养使他们相信自己的意愿如同法律，但他们从未意识到：他们还可以通过自己的努力在家庭之外赢得情感和爱情。长大成人后，这种人还会依赖在母亲身边。在爱情中，他们寻找的不是平等的伴侣，而是仆人，而能让他们最放心依赖的仆人就是他们的母亲。我们可以在任何小孩身上培养出俄狄浦斯情结。我们要做的只是：让妈妈宠爱他，不让他们对其他人发生兴趣，且不让他们与爸爸亲近。

所有的神经症患者似乎都有被限制的现象。口吃患者说话时，总显得十分犹豫。残余的社会兴趣迫使其与人沟通，但自卑感让他们担心说不好，这又与其社会兴趣相冲突，结果他们在说话时，就显得犹犹豫豫。学校里的后进儿童，三十来岁仍无工作的人，逃避婚姻问题的人，总有重复相同动作的强迫症患者，这些人统统具有自卑情结。有手淫、早泄、阳痿和性障碍的人，在与异性接触时，都会表现出不当的生活方式。这是由他们在接近异性时的力不从心感造成的。如果我们问："为什么会感到力不从心呢？"答案只有一个——"他们设定的目标过高，所以无法实现"。

人有自卑并不奇怪，它是人类改善自身处境的动力。例如，科学就是人类认识到自己的不足，并不断奋斗改变自己周围的环境，努力探索宇宙，争取更加有效地控制自然环境的结果。其实，在我看来，人类的一切文化成果都是源于自卑感。倘若有一个公正无私的观察员访问地球，他定会如此评价："这些人类啊，建立了各种机构组织，为了让自身安全做着这种那种努力，建房子来避雨，穿衣服以保暖，修建道路以方便交通，毫无疑问，他们认为自己是地球上最弱小的生命。"从某种角度讲，人类的确是地球上最弱小的动物。我们不如猴子和猩猩强壮，单独面对各种困难方面也不如很多动物。虽然有一些动物也会以群居的方式来避免弱小给他们带来的不足，但是与世界上已发现的所有生物相比，人类是最需要不断加强相互合作的。

人类在婴幼儿时期极其脆弱，需要得到保护和照料。每个人都是从最稚嫩最弱小的婴幼儿成长起来，如果人类间不合作，就要完全受环境的左右。所以我们可以理解：假如一个儿童不懂得与人合作，他必将走上悲惨之路，并产生深深的自卑感。我们还得明白：即使是最具有合作精神的人，在生活中也会遇到问题。谁也不会发现自己已处于自己能完全掌控的最终环境中。生命短暂，肉体脆弱，而生活的三大问题又需要不断得到更丰富更完美的答案。我们不断地找出暂时的答案，但绝不会安于现状。人们总会一直奋斗，但只有那些与人合作的人，其奋斗是对他人有利、对社会有贡献的，这样，才能改变我们共同的环境。

没有人能达到自己的终极奋斗目标，这一点毫无悬念。让我们想象一下：一个人或全人类，已经达到了一个再没有任何困难的境界。这种情况下的生活必定枯燥乏味：每件事都能被预料到，每件事都能事先预料到结果。明天不会出现意想不到的机遇，对于未来也没有什么值得期望的。生活的乐趣源自对未来的不确定性。如果我们生活中的每件事都是确定的，如果我们知道了未来任何需要了解的每件事情，那么发现或探索已没了必要，科学也已经进步到头了，浩瀚宇宙只是一个我们已经讲过一两次的故事。艺术和宗教原本有着不可企及的高度和目标，现在也没有意义了。多么幸运，我们的生活中充满无限的挑战与可能。我们可以奋斗不止，也可以不断地发现新问题，为合作和奉献创造新机会。

但从一开始，神经症患者在其生活中首次个人解决问题就遇到了阻碍，他解决生活中问题的方法停留在极低的水平，所以他的个人问题相对也较大。对于个人遇到的问题，正常人会不断改进其解决方式。他能正视新问题，找到新答案。这样，他也能对社会有所贡献。他不会拖累他人，给别人带来负担，不需要他人的特殊照顾。相反，他会凭借其社会责任感和自身需要，勇于独立地解决个人问题。

追求优越感

优越感人人都有，并不是个人独有的一种情感。它依赖于个人赋予生活的意义。这种意义不只局限于口头，它存在于个人的生活方式之中。有人把他的想法贯穿了他的一生，但他并不是把自己的目标简单清楚地展现在其生活方式中。相反，他表达得很含蓄，以至于我们只能从他的行动中分析判断。了解一个人的生活方式就如同了解一个诗人的作品。诗人只写出了词句，但他表达的意义远高于那些词句。我们必须细细品味其在字里行间表达的主要意义。每个人的生活方式也好比一部寓意丰富的作品，心理学家必须学会仔细推敲，培养其发觉生活意义的能力。

人在四五岁时便确定了自己生命的意义。这不是通过精密的计算得来的，而是像盲人摸象一样，摸到一点，便盲目地按照自我认知做出的自我判断。同样，我们的优越感目标也是在摸索中确立的。这是贯穿一个人一生，且不断变化的动向，而不是能标注在地图上的一个点。谁都不能清楚无误地描述出自己的优越感目标。一个人可能明确地说出自己的职业目标，但这不过是他的全部目标的一小部分。比如有个人立志成为医生，但做医生意味着他要做许多不同的事。他可能不仅要掌握医学或病理学知识，还要学习有仁爱之心。在工作中，他要学会关心他人。我们不仅要看他掌握的治病救人的能力的大小，还要看他能帮助别人到什么程度。医生这门职业已成为他弥补某种自卑感的目标。根据他在工作和其他地方的表现，我们能够判断出他要弥补哪种自卑感。

我们经常发现：很多医生在年幼时便见识了死亡，也许死亡的是他们的兄弟姐妹或父母。死亡让他们对人类的不安全印象深刻，这让他们决心从医，想为自己和他人找到一种对抗疾病或死亡的更好方法。也有人立志当教师，但如我们所知，教师的水平各不相同。如果一个教师的社会感很低，他可能只是想通过教授比自己弱小的人达到自己获得优越感的目标。只有跟比他弱，或更缺少经验的人在一起，他才会感到安全。有高度社会感的老师会平等对待学生，他以为人类福利做出贡献为目标。同时，我们必须说明，教师们的能力和兴趣差异悬殊，他们的个人目标也深深影响他们的外在表现。一旦目标确定，个人便会调整其能力以达到这个目标。但是在任何情况下，整体目标的原型都会在各种限制下不断前进，找到表达个人赋予生命的意义和争取优越感最终理想的最好方式。

因此，看待每一个人我们都必须透过表现看其本质。一个人可能会改变自己的目标，就像一个人会改变他的职业一样，他也可能会改变自己实现其目标的具体方法。因此，我们必须看其隐藏的连贯性，看到人格的整体。在任何表现中，这种整体都是固定不变的。就像我们拿一个不规则三角形，把它按不同的角度放置，都看到一个不同的三角形。但只要我们认真观察就会发现它就是同一个三角形。个人的整体目标也是如此。它不会完全暴露在一个行为中，但我们能从它的各种表现中看清其真面目。我们绝不能对一个人说："如果你这样做或那样做，你就能彻底实现对优越感的追求。"对优越感的追求方式灵活多样。事实上，一个越健康、越正常的人在某一方向努力受阻时，他越能另辟新径来实现其目标。只有神经症患者才会固执于一个目标，并说："我必须要这样，否则将一无所有。”

我们不必研究人们追求优越感时的特殊情况，但我们发现这一过程中存在一个共同点——想做神。有时候，一个小孩子会这样说：“我想成为上帝。”许多哲学家也有同样的想法。我们的老师们也想把孩子教育得像上帝一样。在古代宗教中，也有着同样的目标——教徒以修道成神为目标。“超人”的观念曾是实现神圣理想较为温和的一种存在形式。据说，就连尼采疯了之后，在给斯特林堡的一封信中也曾署名为“被钉在十字架上的人”。

疯子常毫无顾忌地表达他们的优越感目标，他们会声称：“我是拿破仑”或“我是中国皇帝”。他们希望被万众瞩目，希望主宰全世界，受全人类的敬仰，希望通过无线电被全世界聆听。他们希望自己能预知未来，具有超越自然的能力。

这种想神化的目标，也许会以一种更理性的方式，表现在人们想洞悉一切、聪明睿智或长生不老的欲望中。不论我们是想长生不老，是想历经轮回并重返人间，还是想在另外一个世界能永存不朽，都建立在能够成神的欲望之上。在宗教教义中，只有上帝能够不死，只有他才能历经世代而永存。对于这些观点正确与否，我们暂且不提。但它们都是对生命的诠释，都是“意义”。我们每个人多少都可采用这个意义——成为上帝，或成仙。即便是无神论者，他也想征服上帝，比上帝略高一筹。我们可以看出，这里面优越感的目标是很强烈的。

一个人一旦设定了具体的优越感目标，他的生活方式便不会有错。对于实现其目标而言，所有的个人习惯和行动都无可非议。所有问题儿童、神经症患者、酗酒者、罪犯、性变态者，他们采取的行为或生活方式，都是与取得他们的优越地位完全相符的。我们不该指责他们的行为本身，因为要追求这样的目标，他们就应当表现出这样的行为。

一所学校里，有一个全班最懒的男孩。有位老师问他："你的功课为何总这么差？"他回答道："如果我在班上最懒，你就会花很多时间在我身上。你从不注意好学生，因为他们从不惹事，功课又做得很好。"如果他的目的是要引起老师的注意，他认为这样做是最佳方法。想要改掉他的懒惰病，看来是不可能的：他需要懒惰来实现他的目标。这样看来，他的做法完全正确，假如他不这样做，才真是个大笨蛋呢。

还有个男孩，他在家里很听话，就是显得有点笨，他在学校功课不好，在家里也显得平庸。他有个哥哥，比他大两岁，但哥哥生活方式却与他完全不同：他聪明活泼，但因为鲁莽，老惹麻烦。一天，有人听到弟弟对哥哥说："我情愿笨一点，也不愿像你那样粗鲁。"如果我们认识到：不惹麻烦是他给自己设立的目标，便会觉得表现的愚笨对他来讲再正确不过了。因为他笨，别人自然降低了对他的要求。即使他犯了错，他也会因此免受责备。从他的目标来看，他并非愚笨，而是故意为之！

设立有意义的目标

一直以来，人们解决各种问题只局限于观察病症。但无论是在医学、教育还是个体心理学上都是彻底否定这种做法的。有一个小孩数学不行，或总不能很好地完成学校作业，但如果我们只注意这些表现，想着彻底改变这些，是根本达不到效果的。也许他是想让老师生气，甚至想让自己被开除来逃离整个学校。即便我们教会了他写作业，他也会找到新方法来实现其目标。

成年神经症患者的情况也完全如此。例如，假设一个人有偏头痛。这种头痛对他会大有用处。当遇到难题时，头痛就会适时发作，这样他就可以逃避解决生活中的各种问题。每当他必须认识陌生人或做出决定时，头痛病就会发作。同样，头痛还能让他有借口对下属、妻子或家庭成员发脾气。你还指望他会主动放弃这个对他很有效的工具吗？在他看来，痛苦只不过是一笔聪明的投资罢了，痛苦能满足他一切的希望。当然，若你夸大头痛症的危害，就能帮他“祛除”头痛病，你也可以通过药物治疗消除其病症，但是只要他的目标不变，即使他放弃这种症状，他还会另找其他病症。头痛病“治好”了，他可能又会患失眠症等其他新病症，只要目标不变，他便会不断地追求新病症。

有一种神经症患者能快速甩掉一种病症，然后又快速地装出新的病症，他们成为患神经症高手，不断地积累神经症的各种表现。让他们看心理治疗方面的书，只能是提供给他更多未知的神经症症状让他来采用。我们必须寻找的是：他采用这种症状的目的，以及这种目的与一般的优越目标之间的相同点。

如果我将一把梯子搬进教室，并爬上梯子，蹲在黑板顶上。任何学生看到都会认为：“阿德勒博士发疯了。”他们不会知道为何我要搬梯子，我为何要爬上去，坐在这么个不舒适的地方。但如果他们明白：“他想坐在黑板顶那么高的地方，是因为如果站得比别人低，他就会感到自卑。只有俯视学生时，他才会觉得安全。”他们便不会觉得我疯得厉害了。我是在以一种精明的方法来实现我的明确目标。这么看来，梯子似乎是一个合理的工具，而我爬梯子的行为也就显得依计而行、合情合理。

我只是疯在一点：对优越感的解释。如果有人能说服我让我承认自己的具体目标实在是差劲，那么我会改掉这个行为。但是目标依旧不变，即便人们拿走我的梯子，我还会登上椅子来。假使椅子也被拿走，我还会尝试蹦着爬上去或徒手往上爬。每个神经症患者都大同小异：他选择的方式并没有错，都无可厚非。而我们只能改善他的确定目标。目标改变了，他之前的习惯和态度自然也会变好。旧有习惯和态度也不适用于他，他就会发展新习性和新态度来适应其新目标。

让我们看下这个例子：有个30岁患有焦虑症且无法与人交友的女性来找我。她告诉我她无法正常地工作来养活自己，还时常依赖家人的救济。时不时，她也会做一些秘书、打字员之类的简单工作，但不幸的是，她的雇主总想占她的便宜。她觉得这让她困扰，不得已便辞去工作。然而有一次，她又找到一份工作。这次的老板并没有向她示爱，她又认为自己不受老板看重，因此又辞去了这份工作。她已经接受了多年的心理治疗——大约8年——但治疗没能让她更好地与人交流，也未能让她找到一个能糊口的工作。

在为她看病的时候，我将她的生活方式追溯到了童年初期——只有先了解其童年，才能了解其成年后生活。她在家中排行老小，长得漂亮，受宠得让人难以置信。当时她家庭条件优越，父母可以满足她任何能想到的愿望。听到这些后，我说："哦！你是被像公主一样养大的。"她回答说："没错，那时他们都叫我公主！"我问她最早的记忆是什么，她说："4岁时，我记得我走到屋外，看到许多小孩在玩游戏，他们动不动就跳起来大叫'巫婆来了'。我害怕极了，回到家我问我的一个老保姆是不是真的有巫婆存在，她说：'有的，有许多巫婆、小偷、强盗，他们都会紧跟着你。'"

从那以后，她便害怕独处。她在整个生活方式中，也表达出这种害怕。她认为自己还未长大到能离开家，家里人必须在各个方面支持她、照顾她。她还有这样一个早期记忆："有一天，我的男钢琴教师想吻我，我停止弹琴，跑去告诉妈妈。从此以后，我便不喜欢弹钢琴了。"在此我们也可以看到，她学会了要与男性保持很远的距离，而她的性发展也与其避免谈恋爱的目标相符。她觉得谈恋爱是一个人软弱的表现。

在这里，我必须说：许多人觉得恋爱是软弱的表现。在某种意义上说，他们是对的。恋爱时，我们变得比较温柔，我们对另外一个人的兴趣让我们变得患得患失。当一个人的优越目标是绝不软弱，并不想看到自己的软弱时，就会逃避爱情这种相互依赖的关系。这种人总是远离爱情，也不接受他人的爱慕。你会经常发现：当他们可能要坠入爱河时，他们就会把这种情况搞砸。他们会讥笑、嘲弄或搪塞那些可能会让他们陷入爱情中的人。他们通过这些方式来摆脱这种软弱感。

在涉及爱情和婚姻时，这个女孩也会觉得脆弱，因此，当工作中遇到的男性对她示爱时，她便惊慌失措。逃避是她能想到的唯一办法。在她还未学会处理这些问题之前，她的父母相继过世。这位"公主"的城堡便坍塌了。这样，她想找一些亲戚来照顾自己，但事情并不顺利，没过多久，亲友们便对她厌倦了，不再按她的期望给予帮助。她气愤地责怪他们，怪他们不该让她自己孤零零地生活。这样，她才勉强摆脱了凡事靠自己的"悲剧"。

我确信，如果家里人不再帮助她了，她一定会发疯。她实现优越目标的唯一方法就是强迫家人支持她，让她不必面对一切生活问题。她内心的想法是："我不属于这个星球，而是另一个星球的公主，可惜这个星球的人不了解我，不知道我多么的重要。"再发展下去，她就要发疯。幸好她的亲友还肯照顾她，所以她还未疯掉。

从另外一个例子，我们可以同时清楚地看出自卑情结和优越情结。有个 16 岁的女孩被送到了我这儿。她 6 岁时就开始偷东西，12 岁开始便和男孩在外过夜。她 2 岁时，父母终于结束了长久以来的争吵，离婚了。她被判给母亲，住到了外婆家里。父母的离异，让外婆更加溺爱她。她出生时父母正处于争吵最激烈阶段。因此她的降生并不受母亲的欢迎，母亲根本就不喜欢她，因此母女俩的关系十分紧张。

见到这个女孩后，我友好地与她交谈，她告诉我："我并非真的喜欢偷窃，也不喜欢跟男孩厮混，我这样是想让妈妈知道，她管不了我。"

"你这样做，是出于报复吗？"我问她。她回答道："我想是的。"她想证明自己比母亲强，而让她产生这一目标的原因是她觉得自己比母亲更软弱。她觉得母亲讨厌她，便产生了自卑情结，而她唯一想到实现其优越感的方法，就是惹是生非。儿童出现偷窃或其他不良行为，大多都是出于报复心理。

一个 15 岁的女孩失踪了 8 天，找到后，她被带到了少年法庭。在法庭上，她谎称自己被一个男人绑架了，她被捆起来，并关在一间屋里待了 8 天，没人相信她的话。医生私下跟她交谈，要她说出真相。医生对她故事的怀疑使其愤怒，她便扇了他一耳光。看到她后，我问她以后想做什么，告诉她我只想尽自己所能来帮助她找到幸福。当我要她讲一个做过的梦时，她笑了，然后讲了这个梦："我在一家酒吧里，往外走时，遇到了我妈，一会儿爸爸也跟来了，我求妈妈把我藏起来，不想爸爸看到我。"

我判断她害怕自己的父亲，还总与父亲抗争，父亲总是惩罚她。因为担心受惩罚，她只好说谎。我们一遇到撒谎的案子，必定会询问撒谎人的家长是否严苛。若不是说实话会有危险，没人愿意撒谎。另一方面，我们可以看出：她愿意与其母亲合作。后面，她告诉我是有人把她骗去了一个酒吧。她在那儿待了 8 天。担心父亲知道后责骂她，她不敢实话实说；但同时，她又想以此行为战胜父亲。她认为父亲一直都在压制自己，只有伤害到他时，她才会感到胜利的喜悦。

我们怎样才能帮助到这些寻求优越感时走向歧途的人呢？当我们明白人人都想追求优越感时，解决上面的问题就不难了。这样，站在他们的角度，我们便会同情他们的奋斗。他们的唯一错误在于：他们追求的优越感目标是毫无实际意义的。正是对优越感的追求，我们才有了奋斗的动力。它是我们对人类文化所做一切贡献的源泉，整个人类生活都是建立在对优越感的追求上——从下至上，由无到有，从失败到胜利。但是，只有那些在奋斗过程中能服务他人、贡献社会的人，才能真正地获得个人优越感并主宰自己的生活。

如果以适当的方法引导误入歧途的人，便不难说服他们。毕竟，人类判断价值和成功的最终标准是合作，这也是人类公认的标准。我们对于行为、理想、目标、行动以及性格特征的所有要求，就是它们应当有益于人类的合作。没有哪个人会完全缺乏社会感，连神经症患者和罪犯也知道这个公开的秘密。比如，他们都想尽办法为自己的生活方式开脱，千方百计地把责任推给别人。然而，他们已没有勇气去过一种有意义的生活。自卑情结让他们不能与他人合作，他们避开生活中的实际问题，而在不切实际的幻想中肯定自己的力量。

人类在社会中的分工各不相同，每个人存在着各种各样的目标。如我们说过的，每种目标都或多或少地存在失误或错误，我们总会找到可改进的方面。但是，我们的社会需要的是各式各样的人才。有的孩子可能擅长数学；有的孩子可能有艺术天分；而有的孩子可能体格健壮。消化不良的小孩意识到自己的问题在食物上后，为了改善自己的身体状况，他可能会对食物感兴趣，没准会成为一名专业厨师或营养学家。在这些特殊目标中，在我们弥补自身缺陷或改变困境时，还可能会实现一些本不能实现的目标。例如，哲学家必须时不时脱离社会，才能思考、得出观点。如果其优越目标伴有一种高度的社会感，他的目标就不会出现大的失误。

第四章　早期的记忆

了解个性的关键

一个人为实现优越地位的奋斗是其整体人格的重要线索，并会表现在其心灵发展的每一点上。认识到这一点，我们便可以准确地了解这个人的生活意义。我们需要记住以下两点：第一，我们可以从其任何一个行为中了解其人格，因为他的每一个行为动作都是为了实现其目标。第二，可以供我们使用的材料十分丰富。个体的每一句话、每个理想、每种情感、每个手势，都能帮助我们对其进行了解。当我们考虑某个表现时，若由于草率而犯了错，还可以通过其他行为或表现来考证或改正。只要我们客观分析每一种表现背后的意义，我们就会越来越接近真实答案。

我们就像考古学家一样：搜寻陶器和工具的碎片、建筑物的残垣断壁、破损的墓碑，以及残缺不全的古籍，然后从这些碎片中推断已经消失的城市生活。但与考古学家不同的是，我们研究的不是消失之物，而是一个活生生的人，需要通过研究其一个个行为来看透其人格。

了解一个人并不是件容易事。在心理学的分类中，个体心理学或许是最难学习和应用的。我们必须关注个体的整体，必须抱着怀疑的态度去抓其关键点，还必须细致观察其每个行为——他如何走进房里，如何打招呼、握手，如何微笑，如何走路。从一个方面观察个人，我们可能犯错，但对其其他方面的观察会纠正我们的错误。我们认同生命在于合作，而心理治疗本身就是一种合作的练习和测验，只有真正关心他人，对他人产生兴趣，我们才能成功。我们双方必须相互合作，我们要站在他的角度来考虑问题，他也愿意尽全力帮助我们了解他本人。我们必须同时找出他的态度和困难。因为即使我们认为已经完全了解了他，但如果他不了解自己，我们便无法证明对其了解是正确的。这种了解自然也称不上是事实。

可能是因为没意识到这一点，其他心理学派别才会提出“正、负转移”的概念，而个体心理学中从未提及这一概念。娇宠一个惯于受宠的病人是能得到他的好感，但这只能助长其对他人的控制欲。轻视他、忽略他，则很容易引起他的敌意，导致他中止治疗，或者在继续治疗中通过让我们向他道歉来证明其行为方式正确。不管是骄纵还是轻视都帮不了他，我们必须教会他一个人对其他人应有的兴趣——这是最真实、最客观的兴趣。我们必须与他合作来找到其错误，这是为了他自身的幸福，也是为了社会的利益。明确了这一目标，我们便不会冒险让他进行“转移”，以权威自居，或是陷其于依赖他人、不负责任的境地。

在心灵所有表现中，早期记忆是最能显示真实自我的。记忆是人的随身之物，最能帮助个体认清自己，并让个体能更准确地解决周围环境对自己的意义。记忆绝不是偶然的。一个人在数不胜数、各式各样的印象中，能从中找出并记忆的必然是对其处境最为重要的东西。不管这记忆是多么模糊，都代表着他的“生活故事”。他会不断地从这些故事中寻求警示或慰藉，以这些故事帮助其集中精力在自己的目标上，并参考过去的经历，用已被检验过的行为方式来帮助其应对将来。生活中，我们常能观察到记忆能稳定人的情绪。比如，当一个人因遭遇挫折而沮丧时，他会回想之前同类的遭遇来宽慰自己。如果这个人是忧郁的，他的记忆也是充满忧郁之情的；如果这个人是乐观而勇敢的，他便会选择不同的记忆，他回想起的事情都是愉快的，能让其乐观起来的。同样，在这个人遇到困难时，他会唤起所有能让其心态变积极并有助于其解决问题的记忆。

因此，记忆和梦能达到相同的目的。很多人在要做重要决定时，会梦见自己曾顺利通过一场考试时的情境。也许是他们将自己要做的决定看成是一场考验，想通过之前的成功来增强自己的自信。一个人在生活方式中心境的变化，与其心境的结构与平衡的变化有着相同的规律。患有抑郁症的人，如果想起过去的好时光和成功经历，便不会再忧郁。如果他总想“我的一生充满不幸”，他便会只回忆那些能印证其生活不幸的事情。

一个人的记忆与生活方式绝不会分道扬镳。倘若一个人的优越感总让其感到“其他人老是羞辱我”，他会选择只记忆那些可以被认为自己是被羞辱了的事情。如果生活方式改变了，他的记忆也会相应地改变，他会记下不同的事，或对记住的事给予不同的理解。

早期记忆与生活方式

早期记忆十分重要。首先，它表现了个体生活方式的起源，也是个人生活方式最简单的表现形式。通过早期记忆，我们可以判断一个孩子是被宠坏的还是被忽视的、他能与人合作到什么程度、他想和谁合作、他曾面临过什么困难及他是怎样解决这些困难的。如果是一个视力不好，曾训练自己更努力看清事物的孩子，他的早期记忆中多会存在与视觉有关的印象。他回忆时常会以“我环顾四周……”开头，或者他会描述各种颜色和形状。一个身体有缺陷的孩子，希望自己能走、能跑、能跳，他的记忆中也多半存在这方面兴趣。儿童期就记得的事情必定与这个人的主要兴趣息息相关。当我们了解了他的主要兴趣，便能知道他的目标和生活方式。基于这一事实，心理学家极大发挥了早期记忆在职业心理治疗中的作用。另外，我们还可以从记忆中发现这个孩子与父母及其他家庭成员的关系。记忆准确与否，其实并不重要，重要的是这些记忆体现了这个人的判断：“从童年起，我就是这样的人了”或“从小我就觉得世界是这个样了”。

关于各种记忆，他是以何种方式讲述自己的故事，及他可以回忆起的最早记忆是最能给我们启发的。个体的最初记忆能体现其基本的人生观。这是态度的最初表达，它让我们有机直观地看到其发展的起点。我在研究一个人的人格时，必定不会忘记问到他的最初记忆。

有的人会回答不出这个问题，或说自己已经记不清哪一件事是他的最初记忆，但这些行为本身给了我们启示。我们可以推断：他们不愿意讨论自己的基本人生观，或者不想合作。通常，人们是很愿意谈论自己早期记忆的。他们只把它当作简单的事实，意识不到其后隐藏的意义。很少有人了解自己的最初记忆，因此，大多数人会通过早期记忆自然而客观地表达自己的生活目标、与别人的关系及对自身处境的看法。早期记忆中浓缩了大量信息，所以我们能利用它对群体做调查。例如，我们让一群学生写下自己的早期记忆，如果能够解释这些记忆，我们便对每个孩子有了一个基本的了解。

让我举几个早期记忆的例子来说明一下。这之前，我要强调的是，除了他们的早期记忆，我对他们一无所知，甚至不知道他们的年龄。我们在这些早期记忆中发现的意义，是能通过他们人格来加以核实的，不过，我们只用这些记忆来训练我们判断其最初记忆的意义。这样，通过与其他记忆的比较，我们就能辨别哪些是真的。并且，我们能够看出一个人从小被训练的是乐于合作还是排斥合作，他是勇敢还是胆小，他想得到照顾还是勇于独立，他是懂得付出还是一味索取。

例一："因为我妹妹……"。早期记忆中出现的那个人是必须引起我们重视的。如果出现了一个妹妹，我们可以断定这个人对他（或她）影响很大。这个妹妹给这个孩子的成长带来阴影，他（或她）应该对这个妹妹怀有敌对情绪。这种情绪也肯定在生活中为他（或她）带来困难。而当一个孩子心中充满敌意时，就会减少对他人的兴趣，但我们也不能轻率地下定论，也许这两个孩子是好朋友。

"因为我和妹妹是家中最小的两个孩子，我需要在家照顾她，直到她可以上学了，我才能上学。"现在这种敌对关系就明显了："妹妹拖了我的后腿。她比我小，但我却被迫要同她一起上学。她阻碍了我的发展！"如果这就是这个记忆的真正含义，我们便可以想到这个男孩或女孩会觉得："别人对我生活的阻碍或限制是我发展的最大障碍。"这个人多半是个女孩。男孩一般很少会受这样的限制。

"最后，我俩在同一天开始上学。"处在她的位置，我们不认为这是一种好的培养女孩的方式。这可能会让她认为：因为她年长，她就必须等着妹妹。在任何情况下，我们可以看到这个女孩都是这样理解的。她觉得家人因为妹妹而忽视了她。她会因这种忽视而怪罪于某个人，这个人极可能就是她母亲。她会转向依恋父亲，尽量使自己成为他的宝贝。这是不足为奇的。

“我仍清晰地记得，妈妈逢人便讲我们第一天上学时她是多么寂寞。她说：‘那天下午我好几次跑到大门口，盼望着女儿回来。我担心她们再也不会回家了’”。

这是她对母亲的第一次描述。这一描述表明她很难理解母亲的表现。“她怕我们再也不会回家”——母亲显然很慈爱，女儿也感觉到了她的慈爱，但同时母亲又是紧张焦虑的。如果我们进一步与女孩交谈，她会列举出很多关于母亲偏袒妹妹的事情。母亲娇惯小女儿的事情并不少见。从其种各种记忆中我们可以判断：这位姐姐觉得自己在与妹妹的竞争中受到阻碍。我们还可以发现：各种嫉妒和害怕竞争的信号出现在其日后的生活中。她也会不愿接触比自己年轻的女孩。一些人一生都觉得自己不够年轻，许多爱嫉妒的女人总会认为自己不如比自己年轻的女人。

例二：一个女孩的最初记忆如下：“我最初能记住的是祖父的葬礼。那时候我才 3 岁。”她对死亡有着深刻的记忆，这表明她把死亡当作生活中最大的危险。童年发生的事情让她明白一个道理：“祖父会死去。”我们判断其祖父非常疼爱她。祖父母一辈总是宠爱子孙们的。与父母肩负的教育责任不同，他们总想得到孙辈的依赖，证明自己还有价值。我们的文化使老人难以看到自己的价值，有时他们便会通过类似发脾气的方式，来证明自己的价值。在此，我们确信，这个女孩年幼时深受祖父宠爱。这种宠爱对她影响不小，而祖父的离去给她带来了沉重的打击。

“我清楚地记得，祖父躺在棺材中，一动不动，脸色苍白。”我认为让一个 3 岁孩子直面死者的样貌并不妥当，至少要帮她做好心理准备。常有孩子对我说对于他们看到的死亡事件总是印象深刻、难以忘记。就如同这个女孩一样，这类孩子会努力想办法克服对于死亡的恐惧，他们很多会想要当医生。因为医生是治病救人的。并且很多医生在回想自己的最初记忆时，大多会有关于死亡的印象。“躺在棺材中，一动不动，脸色苍白”，这是女孩对所看到事物的记忆。这个女孩可能属于视觉型，很有兴趣观察世界。

“到了墓地之后，棺材被放下去，我看到绳子被从这个木箱子下抽出来。”她写下她所看到的东西，这印证了我们对于她的猜测：她是视觉型的。“这次经历吓到了我。之后只要一提到哪位亲戚、朋友或熟人到了另外一个世界，我就会感到恐惧。”

这又让我们注意到死亡带给她的恐惧。如果有机会和她面谈，我会问：“你长大后想做什么？”她很可能会回答：“医生。”假如她沉默或回避这一问题，我会提示：“你不想当一名医生或护士吗？”她说的“另外一个世界”是其对死亡恐惧的一种补偿。我们从她的整体记忆中知道：她祖父很宠她，她属于视觉型，死亡在她心中占有重要地位。她从生活中得出的意义是：我们都会死去。这是一个不争的事实，但没人会把大部分兴趣放在这个方面。还有许多其他值得我们关注的事情。

例三：“在我3岁时，爸爸……”最先出现的是爸爸。我们可以推断这个女孩对爸爸比对妈妈更有兴趣。对父亲感兴趣往往是发展的第二阶段。最初，孩子对母亲更感兴趣，因为在一两岁前，小孩与母亲合作的最紧密。孩子十分依赖、依恋母亲：他的一切心灵活动都围绕着母亲。如果孩子转向父亲，母亲便失去了孩子的信任。这个孩子必然是不满自己的处境了。这通常是由于一个新的孩子降生了。如果我们从这段回忆中看到还有更小的孩子，就证实我们的猜测是正确的。

“爸爸给我们买了一对小马。”注意，不只是一个孩子，我们要关注另一个孩子的出现。“他牵着缰绳，把小马带到了屋外。比我大 3 岁的姐姐……”这时，我们必须更正我们的解释了。原本以为这个女孩是姐姐，实际上她是妹妹。也许妈妈更疼爱姐姐，所以女孩首先提到了父亲和其礼物——两匹小马。

“姐姐牵起一匹小马，很是得意地走在街上”，这是姐姐的胜利。“我的小马紧跟在那匹马后面。它走得太快了，我的马赶不上”——这是姐姐率先出发导致的！“我摔倒了，小马却拖着我在地上走”——原以为这会是场皆大欢喜的经历，但她却落得很悲惨。姐姐赢了，她占尽了风头。我们可以完全肯定这个女孩的意思是：“我若不小心，姐姐就会赢。我总是被她战胜，总被打趴在地上。得到安全的唯一方法就是一马当先。”我们也该明白是姐姐占据了妈妈的心，因此她就转向父亲。

“尽管我骑马的技术比姐姐强，但我仍不能对那次的失败释怀。”现在，我们的所有假设都被证实了。姐妹俩之间存在着竞争关系。妹妹觉得：“我总是落后，我必须往前冲，努力超过其他人。”前面我们提过，年幼的孩子总会有一个竞争对手，他们总想打败对手。这个女孩属于这种的例子。她的记忆强化了她的态度，她的意思是：“如果有人在我前面，我便有危险。我必须排在第一名。”

例四：“我的早期记忆是姐姐带我去各种聚会和社交场合。我出生时，姐姐大约 18 岁。”这个女孩知道自己是社会的一部分。由此记忆，我们会判断她的合作程度要比别人高。她姐姐比她大 18 岁，她可能把姐姐看得像妈妈一样，因为姐姐可能是家中最宠她的人。看上去姐姐在用一种很明智的方法培养这个小孩对他人的兴趣。

“在我出生前，我家 5 个孩子中，唯有姐姐一个女孩，所以她便喜欢拿我到处炫耀。”这倒不像我们想象得那么好。如果一个小孩被用来“炫耀”，他的注意力将会集中在被赞扬，而不是贡献他人。“因此，我还很小的时候，就被姐姐带着各处跑。而对于这些聚会，我只记得：姐姐总强迫我说话，比如‘告诉这位小姐你叫什么名字’等。”这种教育方式是错误的——它很容易导致女孩口吃或带来语言困难。孩子口吃，一般是其他人过于关注他讲的话引起的。这给他很大压力，导致他不会轻松地与人交谈。他变得过度关心自己、期待别人的关注。

“我还记得，要是当时没说出话，回家后会被批评，于是，我开始讨厌外出，讨厌与人打交道”。我们要完全地更正前面的分析了。到这，我们已经看出隐藏在她最初记忆背后的意义是：“我被带着去与他人接触，结果我发现那不是件愉快的事。这些经历，使我不愿与人合作和交往。”因此，我们猜想，即使是现在，她还是讨厌与人交往。我们还会发现，在与人交往时，她会感到手足无措，过分在意形象，她觉得自己应当表现出色，所有这些让她倍感压力骤增。久而久之，她便不太愿意与人交往了。

例五：“小时候的事，有一件我记得十分清楚。我大约 4 岁时，曾祖母来看我们。”我们已说了，祖父母常常宠爱孙辈，但我们还不清楚曾祖母是待他们如何。“她来看我们时，我们打算去拍一张四世同堂的全家福。”这个女孩对自己的家很感兴趣。因为她对曾祖母的来访和拍照片的事记得如此清楚。由此我们可以推断：她很依恋家庭。若我们判断正确，我们会发现：她的合作能力仅限于家庭圈子之内。

“我清楚地记得，我们开车去了另一个镇，到照相馆后，我换了一件白色绣花裙”可能这个女孩也是视觉型。“在照全家福之前，我先和弟弟拍了一张合影”这又显示出她对家庭的兴趣。她弟弟也是家中的一员，我们可能会了解更多关于她姐弟二人的事。“他坐在我旁边椅子的后扶手上，手里拿着一个闪亮的红球。”现在我们看到这个女孩的努力目标了。她觉得弟弟比自己受宠。我们可以猜出：弟弟出生后，取代了她在家中的受宠地位，她很不开心。“大人让我们笑。”她的意思是：“他们想让我笑，但我笑得出来吗？他们都疼爱他，给了他一个闪亮的红球，但他们什么都没给我！”

“接下来拍全家福时，除了我，大家都笑得很开心。我却一点没笑。”她在反抗，觉得家人对她不够好。在她的最初记忆里，她传达出家里人对待她的态度。“他们要弟弟笑时，他笑得很开心。他会讨人喜欢。到现在，我仍讨厌照相”，她的记忆让我们了解了大多数人面对生活的方式。当我们在某段经历中形成了一种印象，我们就不自觉地用它来解释之后的一系列行为。显然，在那次照相经历中，她很不高兴。之后，她就讨厌照相了。我们经常发现：当一个人讨厌某件事时，为了表明原因，他常常会在之前的经历中选出一件当借口。这个最初记忆让我们对这个女孩的个性有了两点认识：第一，她是视觉型的；第二，这点很重要，她很依恋家庭。她最初记忆的所有行为都是围绕着家人。她可能不太适应社会生活。

例六：“我早期记忆之一是一件意外，它发生在我3岁半左右。一个帮我父母干活的女孩把我们带到了地窖，让我们尝了那里的苹果酒。我们很喜欢这酒的味道。”发现地窖里有苹果酒，本该是一个有趣的经历，像是一次探险。如果现在就让我们下结论，我们猜测是下面两种情况之一。这个女孩喜欢新的环境，勇于面对生活中的问题。或者，她的意思是：当面对他人的引诱时，她易被引入歧途。她之后的记忆能帮我们找出答案，“一会儿，我们想要再喝一点酒，便自己动手了。”这女孩很勇敢，也很独立。“一会儿，我的腿便发软了。酒被我撒得满地都是，地窖变得潮湿。”在此，我们看到一个禁酒主义者的诞生。

“我不知道这件事是否与我日后讨厌苹果酒和其他含酒精的饮料有关。”这件小事对女孩整个生活态度产生影响。客观来讲，这件小事似乎不足以导致这么深的影响。然而，这个女孩却认为这个事件足以导致她讨厌酒精饮料。我们还可能会发现：她是一个善于从错误中吸取教训的人。她很独立，也勇于改正错误。这个特征将伴随其一生，它好像在提醒女孩：“若我犯了错，我定会努力纠正。”倘若果真如此，她的性格会是主动、勇于奋斗，迫切地想要提高自己、改变自己的处境，向往着美好而有意义的生活。

以上所有例子，都是在训练我们的推测能力。我们必须多看一个人性格方面的其他特征，才能保证我们结论的正确性。现在，让我们从下面的例子证明：个人人格的表现形式不同，但它们背后的意义是统一的。

行为的根源——早期记忆

一个 35 岁患有焦虑症的病人来找我看病。他只要离开家便感到焦虑，他强迫自己做过几份工作，但一进入办公室，他就开始呻吟，直到下班回到家后与母亲坐在一起时他才会停止。当被问起他最初的回忆时，他说：“在我 4 岁时，我坐在家里的窗边，看着窗外的人们在忙地里的工作。”他只想别人干活，而自己不愿干活。想要改掉他的症状，我们必须帮他改变这个心理：自己不能与别人一起工作。我们必须改变他的整个想法。责备他或药物治疗都对他毫无作用，他只对观察感兴趣。根据他的最初记忆，我们能帮其提供他感兴趣的工作。我们发现他高度近视，因此，他要认真地观看才能看清东西。长大后，他应该工作了，但仍想继续观望，而不是工作。其实，两件事也并非完全对立。被治好后，他开了一家画廊，这正符合其主要兴趣。这样，他在分工不同的社会中贡献着自己的力量。

还有一个 32 岁患有歇斯底里失语症的病人来找我。有两年了，他不能正常说话，只能嘤嘤低语。只因两年前的一天，他踩到一块香蕉皮，摔倒并撞在一辆出租车的窗玻璃上，他呕吐了两天，便开始偏头痛。无疑他是脑震荡了，但其喉部并没有受伤，而脑震荡根本不会导致其说不出话。他前 8 周完全说不了话。为此，他向法庭起诉，但审理进行得不顺。他把这次事件的责任归咎于出租车司机，要求出租车公司赔偿。不难理解，法庭会倾向于判决丧失某种能力的人。我们不能指责他欺骗，因为他没准真的在事故后不能正常说话。除了有些吃惊，他觉得没有改变这种情况的必要。

他也去找喉科专家诊治过，但专家没查出任何问题。我们请他回忆最初记忆时，他说："我躺在挂着的摇篮里，来回晃荡。但摇篮挂钩掉下来，我被摔伤了。"没有人喜欢摔倒，但他却强调他被摔的事实。这就是他的主要兴趣。"我一掉下来，门就开了。妈妈冲进来，她被吓到了。"被摔后，他得到了母亲的注意，同时，这个记忆又是一种谴责——"她没好好照顾我"。同样，出租车司机和出租车公司也没有照顾好他。这个被宠坏的小孩的生活方式是：一切都是别人的过失。

他还说："5 岁时，我从 20 英尺高的地方摔下来，当时头上还顶着一块板子。整整 5 分钟，我说不出话来。"这个人习惯失去语言能力。他常以摔倒为由拒绝讲话。我们不认为摔倒会让人失语，但他对此却深信不疑。他还十分擅长这样，一摔倒，他便不能说话了。若要治好他的病，我们必须让他明白摔倒与失语没有直接关系，而且他并没有必要嗫嚅低语达两年之久。

但是，在这个记忆中，他告诉了我们为什么他对此难以理解。"这次，妈妈又跑过来，显得很激动。"两次摔下来都吓到了他母亲，并让他得到母亲的关注。他希望被宠，成为被人关注的中心。我们也不难理解，他希望让给其带来伤害的人付出代价，其他被宠坏的孩子也有这种想法。但他们不一定会采取产生言语障碍这个形式。这是这个病人特有的行为，是他从自己的经历产生的。

一个 26 岁的男人来找我，他的问题是找不到一份喜欢的工作。8 年前，父亲安排他进入经纪行业工作，但他根本就不喜欢，最近，他辞职了。他想另找一份工作，却未能如愿。他还经常失眠，并且常有自杀的念头。放弃经纪行的工作后，他在另一个城市找到一份工作，后来收到母亲生病的家书，他便辞职回家了。

从他的叙述中，我们判断他母亲很宠爱他，但父亲对他过于苛刻。他生活的意义就是反抗父亲的严厉。当我问他在家排行老几时，他说他是家里的老小，也是唯一的男孩。他有两个姐姐：大姐总对他颐指气使，二姐姐也差不多。父亲对他有着过高的期望。因此他感到，除了母亲，家里的每个人都想管束他。

14 岁了他才去上学。后来，父亲计划着收购农场，便让他上了农校，这样他以后就可以帮父亲的忙。在农校，他的成绩优异，却并不想当农民。所以，父亲给他在经纪公司里找了一份工作。

难以置信，对这份他不热爱的工作，他居然做了8年，他说他能坚持下来是为了母亲。

小时候，他散漫而胆小，怕黑、怕独处。当我们听说一个孩子散漫时，就猜想他身后有人帮他收拾。一听说有小孩怕黑、不愿意独处时，就必定想到有一个人会关心他、安抚他。对这个年轻人来说，这个人便是他母亲。他觉得他很难交到朋友，但与陌生人相处，他感觉还算舒服。他对爱情不感兴趣，没有谈过恋爱，也不想结婚。他认为父母的婚姻并不幸福，这一点让我们理解他为什么抵触婚姻。

他父亲想让他继续在经纪行干下去，而他自己想进入广告业，但他相信家里不会出钱来帮助他。我们看到，他做每一件事的目的都在于反抗父亲。他在经纪公司工作时，经济已经独立，但他从未想过要学习广告业。但现在他却以想做广告来对抗父亲。

他的最初记忆清楚地表现出一个受宠的小孩对严父的反抗。他还记得在父亲饭馆干活时的事情。他喜欢洗碟子，把它们从一张桌子与另一张桌子间搬来搬去。他玩碟子的样子惹火了父亲，他竟在客人的面前扇了他一巴掌。他用这个早期经历证明：父亲是他的敌人。他生活的目的就是与他对抗。他并不想认真地工作，以这种方式伤害父亲，而这让他感到痛苦、不满足。

他产生自杀的念头也不难理解。任何自杀行为都是一种谴责。他自杀是为了告诉大家："这全是爸爸的错。"他对工作的不满也是针对父亲。父亲提出的事，他都会反对。但他又被宠坏了，没有独立创业的能力。他并不是真的想工作，但他与母亲还是保留了一些合和。尽管如此，他的失眠又与他对抗父亲有何关系呢？如果他失眠后，第二天便会无精打采。父亲催他去上班，他会因为困乏而无法认真工作。你认为如果不想干他完全可以直说：

“我不想干活，不想被逼着干活。”但他要考虑母亲，考虑自己的经济状况。如果干脆不工作，家里人会认为他没救了，不愿意养他。所以他必须给自己一个理由。于是，他便有了“失眠”这个看上去十分合理的症状。

我问他做过什么梦，开始，他说自己不做梦。后来，他又想起了一个常做的梦。他梦见有个人朝墙扔球，但球老是弹开。这个梦看似普通。我们能发现这个梦与他的生活方式之间的联系吗？

我问他：“之后又发生了什么？”他说：“球每次一弹开，我就会醒。”现在他交代完失眠的整个情况。他用这个梦作为闹钟来叫醒自己。他认为每个人都把他往前推，强迫他做自己不喜欢的事。他梦到有人朝墙扔球，这时他便会醒来。结果，第二天他会很疲惫，而不能工作。他通过这种简单的方法来拒绝父亲让他立刻去工作的要求，以这种方式反抗着父亲。但从反抗父亲方面来说，我们承认：他想出的这种方式还是蛮明智的。但是，以生活的意义来看，他这样做对自己对他人都是没意义的，我们必须帮他改变。

我帮他解释过这个梦后，他便再没做过这个梦了，但他夜晚还是会醒。之前那个梦的用意被拆穿后，他便不好意思做这个梦了，但他还是想方设法让自己失眠，让自己疲惫。我们要如何帮他呢？只能帮助他与父亲和解。只要他把惹恼或击败父亲作为兴趣，他的问题就无法解决。于是，我按照惯例顺从他的意愿，认为他失眠有着合理的缘由。

“你父亲做得有些过了”，我说，“他真是太不明智了，总是对你发号施令。可就算他需要治疗，但你能怎么做呢？你能改变他吗？假如下雨了，你要怎么做？你只能撑把伞或搭乘出租车，若想反抗雨，那根本没用。而你现在做得就像在跟雨对抗。你以为这是最好的反抗方式，以为你略胜一筹，但实际上，你是受伤害最大的那个人。”

我指出了他所有行为的潜在一致性：逃避工作，自身的想法、逃离家庭、失眠。所有这些事，都是他用来惩罚其父亲的。我还建议他说：“今晚睡觉前，你要让自己不停地醒来，这样你明天便会疲惫。如果明天你因为疲惫而不能去上班，你父亲便会大发雷霆。”我想让他明白，他的主要兴趣就是反抗或伤害父亲。只要他不停止对父亲的反抗，任何治疗都起不到作用。之前，只是我们认识到他是个被宠坏的孩子，现在他自己也已经意识到了。

这种情况与“俄狄浦斯情结”，也叫恋母情结，极为相似。这个年轻人费尽心思伤害父亲，但却十分依恋母亲。但是，这一切与性无关。母亲宠爱他，但父亲待他却没有丝毫的怜悯。父母这种不恰当的教养方式，让他对自己的处境产生了错误的解释。他的问题与遗传没有一点关系。他的问题并不是作为一种本能从杀死部落首领的野蛮人那儿得来的，而是形成于他自己的经验。每个小孩的身上都有激发出这样态度的可能——我们只需要给他一个娇宠他的母亲，一个对他严苛的父亲。当一个孩子与自己父亲对抗，而又不具备独立解决问题的能力，自然就会采取上面男孩的那种行为了。

第五章　梦

过去对梦的解析

人人都会做梦，但很少有人能理解自己的梦，这很是令人惊讶。尽管如此，梦依旧是人类心灵的一种常见活动。人们一向对梦深感好奇，迫切地想要认识到它们的意义。很多人认为自己的梦神奇又重要，这种兴趣可以追溯到早期人类社会。但是，总的来说，人们仍不清楚自己做梦是在干什么，甚至为什么会做梦。据我了解，只有两种关于梦的理论简单易懂，并具有科学性。它们分别是弗洛伊德的心理分析学派和个体心理学派。而这两者中，可能只有个体心理学家才有权声称自己采取了一种具有常识性的研究方法。

当然，前人对于梦的理解虽不科学，但它们也值得我们重视。至少，它们揭示出人们过去是如何看待梦的，以及他们对梦的看法。梦是心灵活动创造性的产物，如果我们留意下人们之前是如何理解梦的作用的，我们便有可能了解他们的目标。研究一开始，我们便发现，人们一直认为梦与未来有某种联系。人们通常觉得，在梦中，某个具有掌控能力的神灵操控了自己的心灵。还有些人试图用梦来帮自己脱离困境。解梦的古书对不同梦境的意义进行了诠释，还说明了它们对做梦人的未来有何预示。古希腊人和埃及人去参拜圣庙，希望能做一个神圣的梦，来指导以后的生活。

他们还认为，这种梦能消除他们生理或心理的疾病。美洲印第安人以斋戒、沐浴和行圣礼的方法来引梦，并对梦进行解释后再做出行动。在《旧约全书》中，梦被认为能预示未来。即使在今天，还有人坚持认为自己做的梦后来真实地发生了。他们相信自己在梦里能高瞻远瞩，相信梦能预测未来。

站在科学的角度上，这些观点无凭无据。从一开始研究梦，我就很清楚：做梦的人根本不能预测未来。梦不可能比日常思维更理智、更有预见性，相反它更混乱，更令人费解。但既然这种传统观念存在了，就必然有其合理性，其中或许有些真理。倘若环境适合，也许我们能找到它的合理性所在。

我之前说过：人们认为梦能帮助自己找到解决问题的办法，即这个人做梦是奔着对未来提供指导的目的去的。这并不意味着梦能预示未来，而且我们还必须考虑他要找的是哪方面的答案，希望去哪里寻找答案。显然，梦中所提供的答案，不可能与人清醒后经过周密思考才形成的答案相比。事实上，人做梦，是个体希望在睡觉时继续解决自己的问题。

弗洛伊德派与梦

弗洛伊德派认为梦具有某种被科学地理解的意义。但是，弗洛伊德派对多个观点的解析都不是很科学。例如，它假定，心灵在白天与在晚上之间的活动是不同的，是“有意识”与“无意识”的对立，梦被赋予的法则与日常思维法则截然相反。而在此类对立之中，我们看不出一丝的科学依据。

原始民族和古代哲学家总是会把一些概念强烈对立起来。比如，他们把男女、冷热、轻重、强弱等对立起来。在神经症患者身上会更清晰地看出这种二层思维的对立。但依照科学看法，他们并非对立，而是可以相互转化。他们好比尺子上的刻度，被安排在对应的位置来表示某种特性的不同程度。所以，好与坏、正常与异常也并非真正的对立。任何将睡与醒，梦中的思想与白天的思想相互对立的理论都是不科学的。

原始弗洛伊德派的另外一个问题，就是把性作为梦的起因。这也将梦与人的日常活动相脱离。若真是如此，梦便不能体现出个人的整体人格，而只是部分人格。弗洛伊德派自己也发现性不能充分地解释梦，因为他们在梦中还看到一种想死的潜意识的欲望。我们已经注意到，梦是想为问题找到一个轻松的解决方法，梦可以揭示出一个人缺乏勇气的弱点。但是，弗洛伊德派解释梦的术语过于隐晦，以至于根本不能说明梦是如何反映整个人格的。但我们从弗洛伊德的理论中还是发现了一些有趣又值得借鉴的观点。例如，梦本身并不重要，重要的是梦所代表的内在意义。我们个体心理学中也有类似的结论。弗洛伊德心理分析学忽略了心理学这门科学的基本条件——个性的一贯性，以及个体各种不同表现是一致的。

从弗洛伊德学派对梦的解析几个关键问题中，便可以看到这一不足。“梦的目的是什么？人们为什么要做梦？”弗洛伊德学派认为：“是为了满足一个人未实现的愿望。”但这个观点并不能完全解释梦。例如，如果想不起梦的内容，或理解不了自己的梦，那又谈何满足愿望呢？人人都做梦，但很少有人了解自己的梦。做梦这一行为又有什么乐趣？如果梦里的生活与白天的生活迥然不同，而满足感只在梦中，我们或许能让做梦人了解其梦的目的。但如果这样解释是合理的，梦与现实的人格是统一的，对于醒着的人来说，梦就失去了意义。

科学地说，做梦的人与醒着的人本是同一个人，因此梦的目的也符合这一连贯的个性。确实，对于有一种人，我们可以将在梦中想实现的目标与其整体个性联系起来，这种人就是被宠坏的儿童。他们总想问："我如何得到想要的东西？生活能给我什么？"同他的一切行为一样，这种人只懂在梦中寻求满足。确实，如果仔细观察，弗洛伊德派的理论是被宠坏的孩子心理学，他们认为他人无权拒绝自己的本能，认为别人毫无存在的必要。他们老问："我为什么要爱我的邻居？我的邻居爱我吗？"

弗洛伊德学派以被宠坏的孩子为前提，并详尽地描述了这一前提。但是，在对优越感的各种追求的表现中，对满足感的追求只是一小部分，我们也不认为它是人格所有表现的主要动机。而且，我们如果真的了解了梦的目标，也将有助于我们找出被忘记的梦或不了解的梦有何目的。

个体心理学的研究

在25年前，我初次研究梦的意义时，上面提到的问题是最让我感到困惑的。以我看，梦中的事物和清醒时的生活并非互相对立。如果我们在白天努力地追求某种优越感的目标，那么夜晚入眠后，同样会想着此事。人们在梦中的目标和白天的目标相一致，就像人们在梦中也在努力实现白天追求的优越目标一样。梦是我们在以另一种方式来表达自己的生命意义，同时，它可能也有利于我们生活方式的构建和实现。

有一个事实能帮助我们弄清梦的意义。我们早晨醒来会忘记自己做过的梦，就像没有做过梦一样，但这是事实吗？当然不是。我们保留了梦中的某种感觉，却忘记了具体的情境。梦的目的也一定在留下来的感觉之中。梦只是引起这种感觉的一种方法。

一个人的感觉必定和他的人生态度保持一致。梦中的思想和清醒时的思想并没有很大的差别，两者之间并没有严格的界限。它们的不同在于做梦时人们将现实中的一些关系搁置了。但是，梦并没有脱离现实。如果白天我们一直想着某件事，梦中也会想这件事情。当我们睡觉时，我们仍和现实保持着联系。比如我们睡觉时，为了不让自己摔下床会做出各种动作，这也证明梦是和现实相连的。一位母亲在吵闹的街上也能熟睡，但是她的孩子只要有些许的动静，她就会立马醒来。这也说明，我们在睡眠时也和外界保持联系。但是，感官在睡觉时虽还有知觉，却已被弱化，于是便减少了我们与现实的联系。在梦中，我们是独立的个人，现实中的生活压力和社会的要求对我们的影响都被降低。

当我们在现实中解决了所有的问题时，才能安心地入睡，而不被梦打扰。也就是说，如果我们还未想到办法来解决问题，或感到有压力时，我们才会做梦。

梦的目的就是想办法解决我们遇到的问题。在梦中，我们的心灵不像我们清醒时那样考虑现实中的许多顾虑，它考虑出的解决方法也会比较简单。做梦也是为了加强我们的生活方式。我们的生活模式为何需要支持？它遭到了什么威胁呢？能够威胁它的只有现实和常识。因此，做梦就是在保护我们的生活方式不被现实和常识所威胁。也就是说，当一个人在现实生活中不愿以公认的常理去解决某个问题，他便会通过梦来表现出来，从而激起某种让他坚信自己想法的感觉。

表面看来，这似乎和我们清醒时的生活是对立的，但本质上并不矛盾。我们在睡觉时和在清醒时的感觉仍是完全统一的。比如一个人遇到困难时，他不想着靠常识去解决，而只想用他以为正确的方法解决，那么他就会找各种理由来支持他的做法，来证明自己是对的。若他想一夜暴富，又不想踏踏实实地赚钱，他便会跑去赌博。他也清楚赌博的危险性，会让很多人倾家荡产，但是他仍坚持这样，并会为自己找各种借口。他会不断在脑海中幻想暴富后的情境：豪车、巨款，受人推崇。由此，他更加坚定了这一想法，最终开始了赌博之路。

日常生活中，我们也会遇到类似的事情。工作中，如果有人跑来约我们去看一部好剧，我们便会丢下工作去戏院。恋爱中的男女也是如此，如果他确定真心爱对方，就会幻想以后的美好生活；反之，如果他悲观地看待感情，对未来的想象就会变暗淡，他的感觉也会受到影响。而通过分析他产生的是那种感觉，我们可以辨别对方是哪种类型的人。

做梦就是保护我们的生活模式不被现实和常识的要求所威胁。

梦醒之后，我们只留下了感觉，那它又对常识有什么影响呢？梦和常识是对立的。我们发现，有些人不愿意被感觉操控，他们习惯用科学严谨的方法做事，这种人做梦不多，甚至不做梦。另一些人则相反，他们不愿按常识做事，喜欢走捷径，合作能力差的人是不屑于遵守常规的，因此他们常常做梦。我们可以推断：梦是人们想把个人生活方式和其面临的问题之间联系起来，而又不愿意对自己的生活方式做出改变。生活方式决定了梦的内容，它可以激发人们形成有利于自己的感觉。一个人在梦中体现着他的人生态度。梦中也罢，现实中也罢，个体解决问题的方式是一致的，但是梦为我们的生活方式提供了支持和巩固。

假设这一观点是正确的，我们对梦的了解就又前进了一步。我们会在梦中欺骗自己，每一个梦中我们都在自我麻醉、自我催眠。它的目的就是引起某种能让我们在清醒状态下想出解决问题方法的感觉。我们在梦中的性格表现与生活中的表现是一致的。另外，我们看到梦境帮助我们准备着白天所需要的各种感觉。如果这种说法无误，那么我们在梦中肯定会有自我欺骗的成分。

实际上，我们发现了什么呢？我们发现梦有自主选择的能力，它选择一些特定的场景，如事故、事件等。当一个人在回忆往事时，会把其中的画面和事件进行选择性整合。之前我们提过，一个人的选择具有倾向性，他选择的都是有利于实现人生目标的事件。梦中的情景也是如此，我们也会选择符合我们人生态度的事情。而且，在梦中，我们面临困难时，表现出的是符合自己生活模式的解决办法。在现实中遇到困难，我们解决问题会受常理的限制，但是在梦中就完全由生活模式决定了。

梦的构成

梦的构成材料有哪些呢？古人很早就在研究这个问题了。到了当代，弗洛伊德强调：梦主要是由隐喻和象征构成。正如一位心理学家所说：“在我们的梦中，人人都是诗人。”但是，梦为何不使用简单明了的语言，而非要用隐喻和象征表达呢？因为如果我们不这样做，而是直接说出我们的意愿，就无法逃避常识的束缚。但隐喻和象征是很荒诞的，它们会将两种意义不相干的事物联系起来，它们也可以同时表达出两种观点，而其中一个观点可能是毫无逻辑的。它们能引起某种日常生活中的感觉。当我们纠正别人错误时，会说：“别像个孩子一样。”“哭什么呢？难不成你是女生？”当我们使用隐喻时，会将不相干或能代表我们情感的东西引入其中。比如，一个彪形大汉会这样说一个矮子：“他就像一个毛毛虫，只配被别人踩在脚下。”这一比喻很自然地表达出他愤怒的情绪。

隐喻是种很奇妙的语言工具，我们运用它时难免要自欺欺人。荷马曾将战场上的希腊军队比作一群雄狮，这便是采用了夸张的比喻写法。我相信他是不愿把那些满身污垢的士兵在战场爬行的狼狈状态写出来的，我们也知道士兵不会像真正的狮子那样，这只是荷马想让士兵们看起来像威武的雄狮。但如果诗人真的根据事实描写，描写他们气喘吁吁、汗流浃背的样子，细数他们战争中的各个细节，会让我们印象如此深刻吗？隐喻是为了美化，为了想象。但是我们要注意：对一个具有错误生活意义的人来说，运用隐喻符号便会是危险的。

正常情况下，一个学生在面临考试时，会鼓足勇气，刻苦复习，全力备考。但是，假如他的生活模式让他想逃避考试，他可能会梦到自己在进行一场战斗。他把这个简单的问题用复杂的隐喻表现出来，然后他就有充足的借口感到害怕了。事实上，他可能会梦见自己到了悬崖边上，他必须后退，否则就会掉下悬崖。为了逃避考试，他创造悬崖这种情景来代替考试，以便自己有借口逃避。同时，我们发现了另一种在梦中常用的方式，那就是，当遇到问题时，人们会对问题进行精简，留下原来问题的一部分，然后再用隐喻进行表达，最后把它当作原来的整个问题来处理。

例如，有一个自信且有远见的学生，想完成学业并通过考试。但为了完成这个目标他还需要更多的信心和鼓励。因此，考试前一晚，他梦见自己站在山顶上。他所处的场景被删去很多，只显现了最为重要的一小部分，对他来说，考试是一件大事，但是考试的很多方面被去除掉了，他的精力只集中在成功之上，这样，他对考试充满信心，即激起了有利于他的感觉。第二天起床后，他信心满满，精力充沛，心情愉悦。好像他面临的困难变少了，他也变得信心百倍。事实上是，他只是欺骗了自己，他没有用常识来解决整个问题，而只是想办法激发出自信的感觉。

这种激发自信感觉的做法是很正常的。一个人在跳过小溪前，可能要数一二三。数数真的很重要吗？跳过小溪和数一二三之间有必然关系吗？答案是否定的。这二者之间毫无关系，数数只是让他激发自信，并让他集中精神罢了。在人类的心灵中，已经设想了某种生活模式，但是要想把它固定或强化，可用的一种方法就是激起自信的心境，我们白天为此付出努力，但是这种模式在梦中会表现得更为明显。

下面我们举例说明人们是如何用梦来欺骗自己的。战争时期，我担任一家收容神经症战士医院的院长。当看到无法适应战场生活的士兵时，我总是尽量安排他们做一些简单的工作，以让他们放松。这能有效地减轻他们的压力。一天，一个身体无比强壮的士兵来找我，我给他做检查时，他显得很沮丧，我不知道该给他怎样下诊断。我当然想把来让我诊断的每个士兵都送回家，可是我的诊断还得由一个高级将领审批才生效。因此，我不便给他特殊照顾。这个士兵的症状很难确诊，但是我还是告诉他："你身体很健康，但你得了战场恐惧症，我可以给你安排些轻松的工作，这样你就不用上战场了。"

听了我的话，他一脸的绝望："我只是一个穷老师，靠教书来养活我的父母。不去教书就没有收入，我的父母便要挨饿，我要不在了，他们怎么活下去。"

我想让这个士兵回家，并给他推荐一个更轻松的工作，可是又怕这个建议惹恼上级将领，再次将他送去前线。最终，我决定照实填写，说他适合做一些防卫性的工作。当天晚上，我就做了个梦，梦见我是个凶手，在小巷里逃命，却想不起自己杀了谁，但我确信："我确实杀了人，我的前途被毁了，一切都完了。"

梦醒后，我马上想起来："我杀了谁？"然后我就想起来："我如果不给这个士兵安排一个合适的工作，他会被送上前线打仗，若他牺牲了，我便是那凶手。"我就是这样激起一种心境来欺骗我自己的。如果这种不幸真的发生了，我也不算凶手，这不是我的错。但是，我的生活态度却不允许我这么做。我是医生，治病救人是我的工作。我又想起了：如果我的诊断书上建议他做轻松的工作，但那个上司一生气送他去前线，情况就会被搞得更糟糕。思考再三，我决定帮他就必须遵从常识的判断，并不受我的生活方式的干扰。因此，我还是给他开了张适合防卫性工作的证明。事实证明遵从常识是正确的。那位上司看了我开的诊断后，把诊断证明往桌子上一扔，我想："他是要安排他上前线了，我真该写他适合在办公室工作。"可是，那上司却说："军事机关服务 6 个月。"后来，我才明白，原来那位军官受了贿赂，已经打算调他到轻松的单位。那个士兵也不是教师，他说的话全是假话。他说谎只是想要从我这骗取一张他只能做轻松工作的证明，好让那个军官有理由下批示。从那以后，我认为还是不要相信梦了。

梦的目的是让我们自我欺骗，并且自我陶醉。上面的例子说明，如果我们足够了解梦，他就不能欺骗我们，并激发我们的心境和感觉了。

梦是现实问题和生活方式间的桥梁。人生态度与现实原本是可以直接联系的，人生态度也不需要被加强。事实上，梦的表现形式虽然多样，但每一个梦都是根据我们现实中遇到的问题反映出的人生态度想要加强的一面。所以，对于梦的解释因人而异，我们不可能照搬公式地来解释符号和隐喻，因为梦是生活方式的产物。我可以大概列举几种典型的梦，却无法详细透彻地解释梦，来让大家大概了解一下梦的意义。

典型的梦

很多人做过飞翔的梦。和其他的梦一样，这种梦的目的就是要激起人的某种感觉。它们给人们留下了一种轻松愉悦的感觉，让人把克服困难和追求优越目标看得很轻松。它们让我们将自己想象成一个勇敢、有远见的人，即使在梦中也不会忘记自己的雄心。它们包含的一个问题是“我是否该继续向前？”答案是：“我的前途必将一帆风顺。”

很多人都做过由高处跌落的梦。这是需要特别注意的，这表示此人心灵保守又害怕失败，而不是一心一意想克服困难。但若想到我们传统的教育就是告诫孩子一定要注意保护好自己，再理解这种梦就容易多了。家长们对孩子说过最多的就是：“不要爬上椅子！不要动剪刀！不要玩火！”孩子一直被这种虚构的危险感觉包围着。的确，上面的行为存在危险，但是，如果家长把一个孩子训练得过于胆小，他便很难应对真正的危险。

很多人梦见自己移动不了或者赶不上火车，它的意义是：“要是我不用丝毫努力，问题就可以解决，这该多好啊！因此，我要绕着走，要迟到，这样就能避免遇到火车，避免遇到解决不了的困难。”

梦到考试也是我们典型的梦之一。人们也会感到奇怪，都这么大了，为何还会梦到参加考试，或者还会梦见自己以前参加过的考试，并再次通过了。实际上，这个梦可能在暗示我们：“对即将要面临的问题，你还没有完全准备好。”对另一些人来说，可能意味着：“虽然你曾解决过这个问题，但现在又是一次新挑战。”每件事的象征意义是因人而异的。对于梦，我们考虑的是它留给我们的感觉，以及它与我们的生活方式有何关系。

曾经，有一位 32 岁的神经症患者来找我治病。她是家中的老二，和大多数次女一样，她也野心勃勃。她凡事都想争先，处处追求完美。她找到我时，精神几乎崩溃。原来，她爱上了一个大她很多的已婚男子，并期望与他结婚，但是那个男人收入低，还很难与妻子离婚。后来，她做了一个梦，梦见自己住在乡下，有一个男人租住在她的公寓，他搬进来不久后，便结了婚。但是这个男人不会赚钱，还懒惰。由于男人付不起房租，她只能赶他搬走。由此，我们就能看出这个梦和她的处境之间的联系。她正纠结着是不是要和这个落魄的男人继续。她这个情人很穷，还不能帮助她。更甚者，他们一起吃晚饭，他却付不起账单。这个梦的目的就是引起她对结婚的担忧。她是一个志向高远的女人，内心是无法接受和一个窘迫的男人生活的。在梦里，她借用了一个比喻来问自己：“对他这种付不起房租的房客，我该怎么办？”答案是：“把他赶走。”

但是，男朋友不是房客，两者不能相提并论。不能养家糊口的老公和交不起房租的租客是两回事。可是她为了解决问题，为了保证她的生活模式，她给自己一种结论：“我绝不能嫁给他。”

所以，她不按常识思考，只解决事情中她认为重要的部分。她把爱和婚姻一同反映在这一件事情上，即一个付不起房租的男人，就要搬出我的公寓。

因为个体心理学治疗的目的是加强个人应对生活的勇气，所以，在治疗过程中，梦境会发生改变，会让人积极自信。一个忧郁症患者在痊愈之前做的最后一个梦是："我一个人坐在长凳上，突然暴风雨将至。幸运的是，我赶在它来之前跑进了丈夫的房间。然后我帮他在报纸的广告栏中找适合他的职位信息。"这位患者自己也能解释这个梦。梦明显在表明她想要与丈夫和好如初。最初，她批评丈夫懦弱无能，支撑不起家庭。这个梦暗示她："和丈夫在一起承担好过一个人面对风险。"虽然她对自己梦的理解没有错，但同时，她的梦也透露出她过于强调了独立生活的危险，可能是因为她还没准备好与他人合作。

我还接触过一个被送到我诊所来的10岁小男孩，老师批评他总爱陷害同学，并且欺负比他小的同学。他会偷了东西放在别人的课桌里，好让他们受罚。这种情况只有在一个孩子觉得自己被低估时才会发生。如果他也是这种情况，我们可以猜想：这一定是因为家庭环境才让他形成这种想法。这个10岁的孩子还曾向街上的一位孕妇扔石子，并因此惹了麻烦。他这么大肯定明白怀孕意味着什么，因此，他可能讨厌怀孕。我们便猜想他是否有小弟弟或小妹妹，是否是他们的出生让他感到不快。老师给他的评价是"害群之马"，他常常跟同学捣乱，给他们起绰号，说同学坏话。他还爱欺负小女孩。我猜测他应该有一个时常和他争宠的妹妹。

随后，我们了解到，他家除了他，还有个4岁的妹妹。他母亲认为，他对妹妹疼爱有加，但我们却不相信这个男孩会这么喜爱他的妹妹。他的母亲还说，他们夫妻的感情十分融洽，唯独这个孩子的表现很让他们担忧。

这种情况也很常见：家庭和睦，父母优秀，孩子却十分顽劣。这类事情对教师、心理学家、律师和法官来说可谓屡见不鲜。实际上，这种看似“美满”的家庭对孩子的成长也是不幸的。当孩子看到母亲十分关心父亲时，他内心会感到愤怒，他想独占母亲的爱，不想和别人分享母亲。假如美满的婚姻对孩子成长不利，不幸的婚姻对孩子成长更为不利，那我们该怎么办？我们必须培养孩子在家庭中的合作能力，让他真正融入家庭中，避免他将兴趣都放在父母其中一个人身上。故事中的这个孩子其实就是被宠坏了，他想完全拥有母亲的爱，一旦发觉母亲关注了其他人，他就开始惹事，来吸引母亲的注意力。

我们的这些猜测很快便被证实了。母亲自己从不惩罚这个男孩，而是让孩子的父亲来责罚他。她认为惩罚孩子是男人的事，但她并不想让孩子讨厌父亲，没想到却伤害到了孩子，她的这种做法让孩子渐渐疏远了父亲，不愿与父亲交流、合作，并且父子间冲突不断。我们还听说，他的父亲原本是个顾家的好男人，但是由于这个男孩，他变得下班后不愿回家。他对男孩很严厉，还会打他。有人说，男孩并没为这事厌恶他的父亲。但是，除非他智力有问题，否则他一定是巧妙地隐藏了自己的真实情感。

他虽然喜欢他妹妹，但不能和她好好玩耍，经常打她。晚上他要睡在客厅的沙发上，而他的妹妹却在父母房间的一张小床上。如果我们能站在男孩的角度思考，就能体会他的心情了。妹妹睡在父母房间这件事让他耿耿于怀，他也想要妈妈的关心，但显然，妹妹跟他母亲更为亲近，于是他便设法引起母亲的注意。这个孩子出生时顺产，身体健康，吃了 7 个月的母乳。断奶后用奶瓶时，他吐了。以后，他也时常呕吐，一直持续到 3 岁，大概是因为他的肠胃不大好。现在他能正常饮食，营养也很好，但他把肠胃当成了自己的弱点。现在，我们可以了解他为什么要向孕妇扔石头了。他很挑食，当家里的东西不合他胃口时，他母亲就会拿钱给他，让他去买自己喜欢吃的东西。然而，他还是会跟邻居说，他父母时常不让他吃饱，他利用这种诋毁父母的方式来获取自己的优越感。

现在，我们来解释他就诊时提到的一个梦。他说："我是美国西部的一个牛仔。他们将我送往墨西哥，我必须自己杀回美国。一个墨西哥人阻拦了我，我一脚踢向他的肚子。"这个梦实际上表明他被敌人包围了，然后通过自己的拼杀才逃回来。在美国，牛仔是英雄的象征，欺负小女孩和踢别人的肚子被他当作英雄的行为。我们看到，他把肚子看得很重要。他认为肚子是致命的部位，他的胃一向不好，他父亲也患有神经性胃病，常常胃部难受。因此，对这个家庭来说，腹部显得十分重要，而小男孩的目的就是要攻击别人的弱点。

他的梦和实际行动都体现出了他的人生态度。如果我们不能把他从梦中拉回现实，他就会一直这样生活下去。他不仅时常与自己的父亲、妹妹、其他女同学发生冲突，还会试图和他的医生作对。梦中的感觉让他成为英雄的想法更加坚定，他想要征服别人。除非我们让他意识到他在自我欺骗，否则我们无法将他治愈。

我在诊所向他解释了他的梦。梦中，他生活在一个充满敌意的国家，每一个想阻止他回国的墨西哥人都是他的敌人。下一次，他再来诊所时，我问他："上次见面后，你有什么变化吗？"他说："我以前是一个坏孩子。"我追问："你以前哪儿做错了？"他说："我欺负小女孩。"他并不是因为悔悟了才这样说，而是一种攻击。他知道我们是医生，想要改变他，所以他一直说自己是个坏孩子，似乎想强调：“我不想被改变，我也会踢你的肚子。”我们要怎样帮他呢？他仍然在做梦，把自己当作一个英雄。我们必须削弱他由这种角色获得的满足感。

我们问他：“英雄就只会欺负小女孩啊？这就是英雄的作风吗？如果你真是英雄，你就该去追着大女孩跑，或者干脆不要追着女孩跑。”这是治疗方法的一种。我们必须让他改变这种毫无益处的生活方式，以免将来后患无穷。另外，我们还要鼓励他与人合作，帮他树立正确的人生目标。

有一个 24 岁单身女孩，她是一个秘书，她总抱怨老板欺软怕硬，觉得自己不善于交朋友。根据经验判断，如果一个人不善与人交往，很可能是他的控制欲太强。事实上，这个女孩只对自己有兴趣，她总是希望得到大家的关注。很可能她的老板也是这种人，喜欢控制别人来获得优越感。两个控制欲强的人相处，难免出现摩擦。这个女孩家中有 7 个孩子，她是老小，也最受宠。她的外号叫“汤姆”，因为她希望自己是男孩子。这让我们更加怀疑，她是否认为掌控了别人便能获得优越感，也可能她觉得如果她是男性，就能主宰别人，或控制别人，而不再受制于人。

她十分漂亮，她认为别人喜欢她是因为她姣好的容貌。因此，她担心自己的面容遭到毁坏。在我们的时代，漂亮的女孩确实容易令人印象深刻，更容易控制别人，对这一点，她也心知肚明。但是，她希望变成男孩，并用男性化的方式来控制别人。所以，她并未因为自己的美貌而自豪。

她童年最初的记忆是被一个男人恐吓过。她坦言，她现在仍怕碰到强盗或疯子。一个想成为男孩的女孩居然害怕强盗和疯子，乍一听还很奇怪，但细想一下这也很好理解。她希望自己生活在可以完全能掌控的环境里，排斥其他的环境。强盗和疯子是她无法掌控的，因此希望他们不要靠近她的生活。她想变成男生，却不能实现，她归咎于环境因素。我们把这种现象称为“男性倾向”，她还宣称过“我是男人，我要克服身为女人的各种劣势”。

现在我们来看下她的梦，看她在梦中的感觉是否与现实相一致。她经常梦到自己单独一个人。她是被娇惯长大的孩子，她梦的意义是：“我必须被照顾，让我独自一人待着，会很不安全，我随时会被攻击、被欺负。”在另一个常做的梦中，她总是脉搏停止。它的意思是“当心！你可能要失去什么”。她不想失去任何东西，尤其不想失去控制他人的权力。她用了生活中的“脉搏停止”来代表整个事情。这也是一个通过梦中的感觉强化人生态度的例子。在现实中，她并没有丢失东西，但是她的梦却让她留下了这种感觉。

她的另一个较长的梦同样也可以让我们弄清她的人生态度。她说，“我在游泳池里游泳，池内人很多，我踩在一个人的头顶上，如果有人看到，他们肯定会大声尖叫，我就会站不稳，摔下来。”我如果是一个雕刻家，我会这么刻画刚才的情境：她站在别人头上，就像踩了块踏板。这正反映出她的生活态度，她也很喜欢梦中引出的这种感觉。但是，她知道自己的地位不稳，别人会威胁到她。她认为别人应该小心翼翼地保护她，从而使她能继续踩在别人的头顶上。因为，当她游泳时，会感到不安全。这就是她想表达的全部内容。她的人生目标是：“虽然我是一个女孩子，但我想当男人。”她有多数男孩子的雄心，也想要获得优越感，可又不想为达到优越感而付出汗水，所以她一直处于一种恐惧和失败的感觉中。我们若想帮助她，就应该让她安心做一个女生，并消除她对异性的恐惧感，帮她以平和的心态与身边的人相处。

另外一个女孩子，在她13岁的时候，她的弟弟死于一场意外。她回忆自己最早的童年记忆时说："我弟弟蹒跚学步时，有一次，他抓住一把椅子想站稳，椅子却倒了，砸在弟弟身上。"这是另外一场事故。由此，我们可以看出她对生活中的危险记忆深刻。她说："我常常做一个奇怪的梦。我一个人走在街上，路面上有一个洞，我没注意，就掉了进去，洞里满满的水，掉进冰冷的水中我就吓醒了，但是心跳加速。"

事实上，这个梦不像她想的那么奇怪。但是，要是她继续被这个梦吓醒，她还会认定这是件离奇的事情。这个梦暗示她："小心！你身边充满未知的危险！"但是，它的意义不止这样。假如她毫无地位，便不会担心掉下来。如果她感到有掉下去的危险，就表明她觉得自己的地位高于他人。因此，这个梦还暗示她，"我高人一等，我要时刻小心，不让自己掉下去"。

在下面的例子中，我们讨论一下童年记忆和梦中的情境是否都会受个人人生态度的影响。有个女孩子对我们说："我很喜欢看别人盖房子。"我们猜测她具有很强的合作精神。虽然一个小女孩无法参与建房子，但是从她的兴趣中，可以看出，她喜欢与人合作。"在我很小的时候，常常站在很高的玻璃窗前，现在那些玻璃窗格还清晰地印在我脑海中。"她提到玻璃窗很高，这证明她心中已经对高和矮有了比较。她想说："窗户很大，我很矮。"仔细想想，她确实个子比较矮，所以她才会对事物的大小感兴趣。她说自己至今仍清楚地记得那些玻璃窗，只不过是夸大事实罢了。

现在我们看看她的梦："我和几个人坐在一辆汽车里。"同我们猜的一样，她乐于和别人合作，喜欢与人相处。“我们开车飞驰，直到丛林深处才停下来。大家纷纷下车，跑进树林里。哥哥他们比我高大。”她再次强调了大小之别，“我跟他们进入一个电梯，下到一个10英尺深的矿坑里。我想，若是我们出不去了，一定会被闷死。”现在她感到了危险，大多数人对此都是害怕的。她又说：“最终，我们安全地出去了。”这里显示了她乐观的心态。如果她是一个懂得合作的女孩，她也必定会充满勇气、乐观。“我们在那里待了一下，又乘电梯上来，回到了汽车里。”我确定这个女孩充满合作精神，但是她却希望自己更高大一些。我们还会发现她有些紧张情绪，比如她走路时常常踮起脚尖等。但是，她在与人合作或交流的过程中，这种紧张感能被很好地缓解。

第六章　家庭的影响

母亲的作用

婴儿从降生的那一刻，便努力地想与母亲建立联系，这是他一切行为的目标。在婴儿生命最初的几个月里，母亲在他生活中扮演着不可替代的角色：他几乎离不开她。他的合作能力就是这种情况下开始发展。母亲是孩子接触到的第一个人，是他初次对自己以外发生兴趣的人。母亲是他走向社会生活的第一座桥梁，如果一个婴儿丝毫不能与母亲产生联系，或者与某一个取代母亲角色的人产生联系，他必定走向灭亡。

母子间的密切联系十分重要，它意味着在这之后的日子里，我们可能根本分辨不出他身上的遗传特征。因为孩子性格中产生的各种遗传倾向都会因被母亲加以教导、更正、训练而变得完全不同。母亲这方面的技巧如何，直接影响孩子潜质的发展。所谓的技巧，指的是母亲与孩子合作的能力以及她引导孩子与她合作的能力。这种能力不能照本宣科地教授。因为每天母子间的新情况层出不穷，她必须根据自己对孩子的领悟和了解来应对新情况。只有当她真正地关心孩子，全心全意培养与孩子的感情、保护孩子的利益时，她才能具备这些技巧。

我们在母亲的所有活动里，都可以看出她对孩子的态度。当她抱着孩子来回走动，与他说话，给他洗澡、喂饭时，她都会与他发生联系。如果她不熟悉这些工作，或对孩子不热情，她的工作便会粗野，从而让婴儿感到不满。如果母亲不能熟练地给孩子洗澡，孩子就会觉得洗澡是件不愉快的事，他便不会与母亲紧密联系，而是尽力避开她。把孩子放到床上，她的举止、面部表情都有学问。她照看孩子及让他独处都讲求细心和技巧——空气质量、室内温度、营养、睡眠、生理习惯、卫生等等。母亲照顾孩子的每个环节，都会给孩子喜欢或讨厌她的机会，并决定孩子是否愿意与之合作。

母亲的技巧没有任何诀窍，一切的技巧都来自训练和兴趣。是否会成为一个好母亲在其幼儿时便能观察出来。从一个女孩对比自己小的孩子的态度，对婴儿的兴趣以及对以后工作的兴趣，我们都能判断出来。对男孩和女孩不应采取相同的教育方式，因为他们以后不会从事完全相同的工作。如果要让女孩成为有技巧的母亲，必须给予她做母亲的教育，需要让她对母亲这一角色充满兴趣，让她认识到这项工作多么富有创造性。之后，当她真要做母亲时，便不会对这一角色感到失望。

可惜，在我们的文化中，并未给予母亲这一角色足够的重视，如果人们重男轻女，如果男性的社会地位较高，女孩儿当然不会喜欢之后的母亲角色。谁会愿意做被人轻视的工作呢。被轻视的女孩到了结婚生子的年龄，便会以自己的方式表示对为人母的抗拒。她们不愿生孩子，不愿承担养育孩子的责任，也不认为教育孩子是富有创造性的。

这会是我们社会中最严重的问题，却鲜有人来正视并解决它。女性为人母的态度与整个社会的发展息息相关。妇女在生活中的作用时常被人们低估，认为是次要的。男孩从小便认为家务不是他该做的，动手帮忙做点家务便有失自己的尊严。很少有人把持家或做家务看作是女人的职业，反而认为那是做女人的本分。

假如女性把持家或做家务看作是充满趣味的，能让家庭生活丰富快乐的工作，她必定能在这份工作中表现得出类拔萃。相反，如果人们把家务看作男人不做的卑微工作，那么女性便会排斥做家务。女性想展现其能力，以便证明男女是平等的，那么，她也应从事能激发其潜能的工作。但是，潜能的发展要靠社会责任感来激发并引导，女性只有形成了正确的社会责任感，其发展才不受外界的限制和约束。

一旦女性的价值被低估，其和谐的婚姻生活也就成了泡影。当一个女人认为照料孩子是低贱的工作，她便不会认真地去发展自己养育孩子的技巧，也不会积极地与孩子合作。而这些在孩子初期成长中起着极其重要的作用。不满于为人母这一角色的女人，她的奋斗目标会阻止她与孩子进行亲密的联系。她的目标是从事其他工作来证明自己的优越性，而抚养孩子便是她奋斗过程中的绊脚石。假如我们追溯生活中孩子的失败，我们会发现：是做母亲的没有发挥她的作用——给孩子一个好的开始。如果母亲们都失败了，都对自己的角色不满，对养育孩子没有兴趣，那么整个人类的处境便十分危急。

但是，我们不能把孩子的失败完全归咎于母亲。她们本无过错。也许母亲自身也不知道如何做母亲，如何与人合作，也许她在婚姻生活中很是压抑，也许她自己已处于困惑、焦虑的境地，她也感到无助、绝望。正常的家庭生活中也会遇到各种困难。如果母亲生病了，她也想与孩子合作，但是却力不从心；如果她辛苦工作了一天，回到家就会精疲力竭；如果经济条件差，她想提供给孩子优越的食物、衣服和住所，却无能为力。并且，对孩子起决定作用的并不是母亲的经验，而是她从经验中得到的结论。

通过对问题儿童背景的调查，我们常发现他与母亲的关系有问题，但是其他儿童与母亲相处中也会出现类似的问题。让我们回顾一下个体心理学的观点：性格的形成不是由单个原因造成的，但是儿童为了实现自己的目标，会把其生活中的经历作为其生活观的成因。例如，我们不能断定一个衣食不保的孩子就会犯罪，而只能通过他的经验来获取他对世界的认识和观点。

但可以肯定，一旦一位女性对自己为人母的角色颇感不满时，会给她的孩子带来许多困难和压力。但我们都知道母性本能之强大，老鼠或猴子也不例外。研究表明：母亲保护孩子的欲望要强于任何其他欲望。在动物当中，母性的本能已被证明比性和饥饿的驱动力都强。若要她们在这几种驱动力中只选一种，她们必定选择母性本能。

母性本能的基础与性无关，它源自合作的目标，母亲一般都把孩子看作自身的一部分。有了孩子，她才与整体生活相联系，才会觉得自己有了决定生死的力量。在每一位母亲身上，我们或多或少会发现一种感觉：孩子是其创造的一件伟大作品。甚至可以说，她认为自己像上帝一样创造了一个生命。事实上，对母性地位的追求是人类追求优越地位、追求神圣目标的一种表现。这也十分清楚地证明：人们的神圣目标可以唤起个人深刻的社会感，以及个体对他人和社会的兴趣。

当然，有些母亲会夸大孩子作为自己一部分的感觉，强迫孩子实现自己未完成的优越目标。她可能还会设法让孩子完全依赖自己，干涉他的生活，让孩子永远离不开她。以一个75岁的农妇为例。这个农妇仍与她50岁的儿子住在一起，两人同时得了肺炎，农妇活下来了，儿子却不治身亡。当这位农妇得知儿子死去后，她说：“我就知道我不能平安地将他养大。”她认为她要对孩子负责一辈子，从来没想过让他成为社会的一分子。因此，如果一位母亲不能放手让孩子与别人联系，未能引导他与其他人合作，那将是她和孩子的悲哀！

母亲与周围各界有着各种关系，她不应过分强调与孩子的关系，为了她们自己，也为了孩子，都该如此。人的精力有限，如果过分关注一个问题，其他问题就会被忽略。母亲要处理好与孩子、丈夫及周边人的关系。她必须对三者给予相同的重视，必须靠常识冷静地面对这三者的关系。如果母亲只关注自己与孩子的关系，她便会娇纵、溺爱他。她的孩子将很难形成独立人格和与人合作的能力。当母亲成功吸引了孩子的兴趣后，她还应该引导孩子对父亲产生兴趣。但如果她忽视了与丈夫的联系，便不可能帮孩子与父亲建立亲密的联系。不仅如此，母亲还应让孩子对社会生活产生兴趣，包括家中的其他小孩、朋友、亲戚，以及其他人。因此，母亲的责任十分重大：她必须成为孩子信任的一个人，还必须让孩子将这种信任和友谊逐步扩展到整个人类社会。

如果这位母亲只注重让孩子对她自己产生兴趣，孩子以后便会厌恶与他人接触。他将永远寻求母亲的支持，并对那些他认为会分散母亲关心的人充满敌意。母亲对丈夫或对家里其他孩子表示出任何兴趣，这个孩子都会觉得是在剥夺自己的权益，他会持有这样一种观点："妈妈是属于我一个人的，别人无权分享她的爱。"

现代心理学家大多误解了上述的情况。以弗洛伊德理论中的"俄狄浦斯情结"为例。它认为男孩一旦有了恋母情结，便想要与母亲结婚，但对父亲充满敌意，甚至有杀死父亲的倾向。但是，如果我们考虑到孩子的成长经历，恐怕就不会犯上面的错误了。"俄狄浦斯情结"只发生在那些享受母亲的全部关怀，而排斥其他人的小孩身上。这是一种想完全控制母亲的强烈欲望，这类孩子想要使母亲成为自己的仆人。怀有这类情结的孩子，大多都被母亲溺爱，且不擅长与人合作。在一些极其少有的病例中：一个男孩只与母亲建立联系，把她作为解决自己爱情和婚姻问题的对象。这种现象的意义是：他认为除了母亲，他不愿意与别人合作。在他看来，其他任何女性都不会像母亲那样顺从自己。因此，“俄狄浦斯情结”与性无关，它是由不当的教育导致的。我们也不必把它与遗传联系起来。

一个一直被束缚在母亲身边的孩子，一旦处于脱离母亲的环境，便会出现问题。例如，他上学时，或与其他孩子在公园玩耍时，他仍旧要与妈妈在一起。与母亲分开让他感到焦虑，他想让妈妈始终在他身边。为了占有母亲、吸引她的注意，他会使出各种招数。他可能十分乖巧，显得很柔弱，以博取母亲的怜爱；或者他会大声哭闹，让母亲心疼；或者他会顶撞母亲，让母亲关注自己。在问题儿童当中，我们发现了各种各样被宠坏的儿童，他们想方设法地吸引母亲的注意，而抗拒外界大环境带来的各种要求。

儿童能敏锐地发现哪种方法能有效地引起母亲的注意。例如，被宠爱的孩子表现出害怕一个人待在黑暗处。其实，他们并不是怕黑，只是利用害怕来让母亲亲近自己。一个孩子在黑暗的屋子中总是大哭。一天晚上，当他母亲听到哭声来看他时，问他：“你害怕什么啊？”他回答：“我怕黑。”但母亲已经看穿了他的心思。她说：“我进来了屋子也是黑的啊？”黑暗本身并不可怕——他怕黑只是因为他不想与母亲分开。当面临要和母亲分开的情形时，他会调动情感、一切能量和脑筋来创造一种情境，迫使母亲回到他身边，陪伴他。他可能通过大声哭喊，睡不着觉，或者其他方法来让母亲靠近自己。

通常，这类孩子最常引起教育者和心理学家注意的方式是：害怕。在个体心理学中，我们不寻找引起害怕的原因，而是要找出其目的。所有受宠的孩子会害怕什么，他们以害怕的方式来引起母亲的注意，渐渐地，“害怕”已变成他们的品质。害怕能让母亲再次地注意并关心自己。容易害怕的孩子一定是被父母溺爱的，并且他们想一直被宠爱。

被宠的孩子总是会在梦中大哭，这一症状十分常见。如果我们认为睡眠和现实是相反的，便不能理解这一现象。睡眠中与清醒时并不是相反的，而是同一事情的变形。儿童在梦中和白天的想法和行为是差不多的。他想让形势朝有利于自己方向发展的目标影响着他的整个肉体和心灵。通过训练和积累经验，他会找到最能实现这个目标的方法。即使睡觉时，与他目标相一致的思想、图像和记忆也都会潜入其大脑。经历过几次后，受宠的儿童便会发现并懂得利用噩梦引起母亲对自己的关心。长大后，被宠坏的孩子还会做焦虑的梦。因为噩梦能成功引起他人对自己的注意，这已成为他的一个习惯了。

这种利用噩梦的例子是很常见的，要是听到某个受宠的小孩晚上安静睡觉，那才显得奇怪了。孩子吸引注意力的花招层出不穷。有的小孩会借口睡衣不舒服，或者说口渴；有的小孩会害怕强盗或怪物；有的小孩只有父母陪着才能入睡；有的小孩做梦；有的小孩摔下床；有的小孩尿床。我治过的一个被宠坏的小孩，她晚上很老实，据她母亲说，她睡得很香，不做梦，不失眠，一点麻烦都不惹。但白天却惹一堆麻烦。我觉得很是奇怪。我列举了所有类似孩子吸引母亲注意的方式，这女孩都没做过。最后，我终于想到了一个问题。“她睡在哪儿？”我问她妈妈。“在我床上。”她答道。

受宠的儿童会期望得病，因为当他们生病了，父母会加倍地宠爱他们。痊愈后，这类孩子会表现出问题儿童的苗头。起初，我们会以为是病痛让他们变为问题儿童。但事实是，病愈后他们怀念患病时父母给予的那些关爱。病愈后，母亲不再像之前那样宠他们，他们就故意惹事以表示不满。有时，如果一个孩子看到另一个孩子因生病得到更多的关注，他也想生病，甚至故意接触生病的小孩，从而染上他的病。

有个女孩住了4年院，期间医护人员都非常宠爱她。病愈回家后，前几周父母也很宠她，后面就降低了对她的关注。一旦不能如愿地要到想要的东西，她便把手指放到嘴里，说：“我生病住过院的。”她想提醒别人她生过病，希望继续受到之前的宠爱。同样的，有些成人也爱谈及自己的病史或做过的手术，这种行为与上面小女孩的行为相同。另一方面，总让父母头痛的儿童，在一场大病后会一改往日劣性，不再让父母烦恼。前面我们说过身体缺陷是小孩的负担，但也说过它们不足以造成孩子所有的性格缺陷。因此，我们怀疑，治愈身体缺陷与这种改变有关。

有个在家排行老二的男孩，他集撒谎、偷窃、逃学、粗暴、反叛等缺点于一身。老师拿他没办法，建议把他送去劳教所。就在这时，男孩病了。他臀部得了结核，在石膏夹里躺了半年。痊愈后，他变成了最乖巧的孩子。我们认为，疾病本身不会让他产生这种变化。很快我们明白了：这一变化是他意识到自己情感上的错误。之前，他一直觉得父母偏爱哥哥，自己被忽视了。但生病期间，他发觉自己变成家里的焦点，人人都照顾他、帮助他，他自然改变了自己一直被忽视的想法。

有人说，要想纠正母亲犯的这些错误，最好就是不让母亲照顾孩子，而是把他们送去幼儿园或找保姆照顾，这也太可笑了。我们如果要找能替代母亲位置的人，就要找一个能担当起母亲作用的人，但是，没有人能比母亲对自己的孩子还感兴趣。与幼儿园老师或保姆比较，训练小孩的亲生母亲做到这一点要更容易些。

在孤儿院长大的孩子一般对他人都缺乏兴趣：因为没人帮助这些孩子培养对他人的兴趣。福利院儿童的生活状况并不好，有人给他们做过实验。他们让护士特殊照顾某些孩子，或者把孩子放到负责的寄养家庭。结果是，孩子的状态比在收容所改善不少。许多问题儿童都是孤儿、私生子、被遗弃的孩子或单亲家庭的孩子。由此，我们也可以看到母爱对孩子多么的重要。

继母难当，这是众所周知的。因为前妻留下的孩子一般会反抗她们。但我也看到很多成功的继母。许多继母很想和继子女搞好关系，却不能被孩子接受。因为她们不明白：失去母亲后，孩子把依恋由母亲转向父亲。继母出现后，孩子会觉得父亲的注意力被抢走了，因而对继母充满敌意。许多继母不明白这些，面对孩子的拒绝或反抗，如果她对抗了，孩子会更加激烈地反抗。而且孩子永远不会在这场战斗中妥协。在这种战斗中，越是柔和的方法越有效。如果我们硬要孩子给予什么，他必定不从。如果继母们能意识到武力不能赢得合作和爱，那么这个世界会避免不少的家庭冲突。

父亲的作用

在家庭生活中，父亲有着与母亲同等重要的地位，虽然开始时父亲与孩子的关系并不亲密。之后，他才逐渐产生影响。如上一节所说，如果母亲未能教会孩子与父亲建立联系，那对孩子社会感的形成将有危害。父母不和睦的家庭环境，对孩子的危害也很大。当母亲感到不能把父亲留在家中时，她会期望完全地掌控自己的孩子。如果父母双方都为了自己的利益来争夺孩子，他们会希望孩子更依赖自己，更爱自己。

假如孩子看到了父母之间的这点矛盾，他们会巧妙地让父母争夺自己。生长在这样家庭氛围中的孩子，是不可能学会合作的。孩子初次接触的合作便是父母间的合作关系，我们能指望合作一团糟的父母教会小孩合作吗？而且，父母不幸的婚姻也会让孩子对婚姻和异性产生悲观的看法。父母婚姻不幸的孩子，除非纠正其错误的婚姻观，否则他们长大后也会觉得自己的婚姻会失败。他们不懂如何正确与异性相处，或者认定自己不能成功追求到异性。因此，如果父母的婚姻不够美满，孩子的婚姻生活肯定会受到严重危害。

婚姻的目的应是两个人结合在一起谋求共同的幸福，并为孩子和社会带来幸福。无论它实现不了哪一个方面，都不能算是家庭幸福。

因为婚姻实质上是一种伴侣关系，所以不应该存在哪一方更优越、更有权威。这一点必须着重讨论。在家庭生活中的一切事情，不需要有权威者裁定，如果父母一方特别强势，或更受尊重，家庭生活就不会幸福。倘若父亲脾气暴躁，一直想控制其他家庭成员，那么其子女的婚姻观将会受到影响。儿子会错误地理解自己在婚姻中处于主导地位，会同父亲一样对待自己未来的妻子和孩子；女儿更是深受其害，在日后的生活中，她们会认为男人就像暴君，婚姻对女性意味着被奴役。长大后，为了免受男性的伤害，她们中某些人会对同性产生兴趣。

但如果母亲在家中占主导地位，对家人唠唠叨叨，情况会反转过来。与母亲朝夕相处，女儿也会变得尖酸挑剔；男孩则会时刻戒备，担心挨批，他会变得乖巧顺从。有时除了母亲，姐妹和姑姑等都跑来管他。这样，他便会变得内向，唯唯诺诺，不敢进行社交活动。他担心所有女人都是这样唠叨挑剔，因此会避开所有女性。久而久之，他会把逃避指责作为自己生命当中的主要目标，那他的一切社会关系都会受到影响。遇到任何事情，他都会按自己的感觉进行判断："我是征服者，还是被征服者？"他们把与别人的任何合作或交往都与利益挂钩，眼中根本没有友谊。

我们可以把父亲的责任简单概括为：妻子的好伴侣，儿子的好同伴，社会的好成员。他必须处理好生活中的三大问题：工作、友谊和爱——他必须平等地与妻子合作，照顾并保护自己的家庭。他需要清楚：女性在家庭生活中发挥着创造性的作用。他不应贬低妻子，而是应与她平等地合作。我们必须强调：即便父亲是家里的经济支柱，他也不能把自己当作施舍者，把家人当作受施者。因为在幸福的婚姻中，父亲挣钱养家只是因为家庭中不同的分工，母亲也承担了家里的其他责任。许多父亲利用自己的经济地位，便在家中掌控话语权。

每位父亲都应意识到：我们的社会文化造成了男主外女主内的社会现象，所以，婚后妻子承担了大部分的家务，而不能像他一样赚钱养家。但如果父亲因为这一点而歧视妻子，贬低妻子的价值，这种想法是完全错误的。无论妻子是否为家庭的经济收入出过力，只要家庭生活是幸福的，那么就不应再计较谁在赚钱或谁做家务的问题。

父亲对孩子的影响是巨大的。许多孩子会把父亲当作自己一生的偶像或敌人。惩罚，特别是体罚，对孩子伤害很大。任何不友善的教育方式都是错误的。可惜，家庭中惩罚孩子的角色都由父亲扮演。之所以这么说，原因有二：其一，这会让孩子认为母亲不能真正教育好孩子，她们是弱者，需要借助父亲的帮助。当母亲对孩子说“看你爸回来收拾你”时，她在暗示孩子：父亲是家里的统治者、权威者。其二，如果父亲经常惩罚孩子，会破坏父子间的亲密关系，让孩子害怕父亲，疏远父亲。有些母亲害怕惩罚孩子会伤害到孩子对自己的感情，就将惩罚之责推给父亲，这并非明智之举。因为母亲搬父亲这个“惩戒者”来教训孩子的行为，照样会让孩子对其不满。不少母亲还用“告诉你爸”来威胁孩子听话，试问这样会让孩子对男性在生活中的角色产生怎样的想法？

如果父亲能积极地解决好生活中的三大问题，成为家中的顶梁柱，成为一个好丈夫、好父亲；如果他很好相处，好交朋友、结交朋友的同时，也使自己的家庭融入社会大家庭中去；如果他善于接受新事物，不受缚于传统观念，那么受他的影响和指导，孩子们也会培养出对社会的兴趣和合作精神。

即使夫妻二人各有不同的朋友，也不一定会产生问题。但是如果他们社交圈子的交际太小，夫妻间难免会出现问题。当然，我并非要让他们时刻相伴，寸步不离，而是说他们要愿意有共同的社交圈。例如，当丈夫不愿把妻子介绍给自己的朋友，这样就是出问题了。在这种情形下，他社会活动的中心已在家庭之外了。孩子成长过程中，应当知道家庭是社会的一个单位，家庭之外还有许多值得信赖的人和朋友，这一点对于他们的发展极为宝贵。

如果父亲与自己的父母、兄弟姐妹相处融洽，说明他有着很强的合作能力。当然，他总会离开父母，组建自己的小家，但这并不意味着他厌恶了自己的家庭，要与他们决裂。有时候，两个仍然依赖父母的人结婚，婚后，他们仍会依赖父母，夸大与原生家庭的联系。当提起“家”时，他们指的是父母的家。如果这样，他们便无法独立，无法建立一个属于他俩的家庭，夫妻双方的合作能力也无法发挥。

有时，男方的父母会过分干涉儿子的婚后生活。他们事无巨细地想了解儿子的生活，时常给新家庭带来麻烦。儿媳便会觉得自己没有受到足够尊重，并对公婆的干涉感到气愤。当男方不顾父母反对而结婚时，这种情况尤其会发生。男方父母对儿媳的判断是对是错，我们暂不评论。如果他们不满意，可以在儿子婚前提出反对；但结婚之后，他们便只有一种选择——使孩子的婚姻幸福。如果家庭分歧无法避免，丈夫也应有心理准备，不必犯愁。他应明白父母的反对是父母本身的错，他应尽力证明自己选择对了。夫妻的行为并不必屈从父母的意愿，但如果父母多为儿子小家庭考虑，妻子也觉得公婆在为自己的利益着想，那么家庭生活会轻松愉悦得多。

自古以来，父亲最大的责任是养家糊口。他应接受职业训练来养活家庭。妻子在这方面也许能帮他一把，孩子长大些也可以帮忙。在西方文化中，经济责任一般由男人担负。解决这一问题表示他必须工作，必须勇敢，必须了解自己的职业，知晓其利弊，必须善于与人合作，赢得他人的尊重。

另外，父亲对工作的态度，还会影响孩子对待职业的态度。因此，他必须想办法成功地解决这一问题——找到一份对社会对人类有意义的工作。他人认为自己的工作有无意义并不重要，我们要自己判断，只要这份工作本身有意义就好。如果父亲只说不做，便会使妻子儿女不幸。

为人父母

谈完职业，我们再谈论一下爱情问题的解决——包括婚姻和幸福家庭的创建。作为丈夫，他首先要爱自己的伴侣。想看出一个人对另一个人是否喜爱很简单。如果他爱她，他会爱屋及乌，会把她的幸福作为自己的奋斗目标。感情不只能证明喜爱，许多感情还能作为充分证据来证明夫妻和谐幸福。他会尽力陪伴妻子，想要取悦她，努力工作给她提供优越的生活。只有夫妻把双方的幸福看得高于个人幸福时，才会产生真正的合作。夫妻双方都应对对方更感兴趣。

需要指出，丈夫不应过多地在孩子面前表露对妻子的爱。确实，夫妻之爱与他们对孩子的爱是完全不同的，也不能彼此削弱。但如果父母当着孩子表现得过于亲密，孩子会觉得自己被忽视了。他们会心生忌妒，试图与父亲或母亲争宠。

另外，父母不应随便谈论性关系。当父亲向儿子、母亲向女儿解释有关性的问题时，只需要告诉孩子想知道、或在其发展阶段能理解的性知识，而不应向孩子解释过多这方面的知识。现如今有这样一种倾向，父母告诉孩子很多他们尚不能理解的性知识，导致孩子对性产生错误的兴趣和感觉。有些孩子甚至不把发生性关系当一回事。过去人们对孩子隐瞒性知识或闭口不谈，与之相比，现在的新方式也并不高明。对于性知识，最好的办法是正面回答孩子想知道的性知识，而不是把我们认为必要的性知识一股脑儿地告诉他们。我们要让他们相信：我们愿意与他们合作，想帮他们解决问题。如果这样，孩子便不太会犯错。父母也不必担心孩子会被听来的“性故事”毒害。拥有良好合作意识和独立能力的孩子，在性方面会做出正确的判断，不受错误观点的影响。

在家庭中，夫妻间不应过分看重金钱，或为金钱发生争执。在家相夫教子，没有经济来源的女人，对钱比较敏感，如果受到过度消费的指责，她们会觉得深受伤害。在金钱方面，夫妻双方应本着合作的方式，在家庭经济能力范围内进行消费。妻子和孩子不该要求丈夫满足他们的一切开销，丈夫也不该完全支配自己的收入。如果夫妻双方本着合作的态度分配家庭开支，就不会出现被依赖或被施舍的感觉。

父亲也不该有用金钱来保证孩子一生幸福的想法。我曾读过一本美国人写的有趣的书。书中描述了一个穷人白手起家的故事。这个穷人成为富人后，竭力想让自己的子孙后代不再受贫困之苦。他去找一个律师询问该怎么解决这个问题。

律师问：“你想保证多少代子孙享受富裕？”

富人回答说：“我的钱能保证十代子孙的荣华富贵。”

“我相信你有足够的钱做到这点”，律师说，“但是你想没想过，你的每一个第十代子孙上面都有五百多名祖先？五百多个人都能宣称你的子孙是他们的后代。如果这样，他们算不算是你的子孙？”

在这个例子中我们看出，无论我们为后代做什么，都是在为整个社会做贡献。我们无法脱离社会和他人的联系。

如果一个家庭中没有权威存在，就必定存在真正的合作。在教育孩子方面，父母应该共同合作，协商解决孩子的一切事情。父母任何一方都不应该偏爱任何一个孩子，这点十分重要。偏爱有着我们不可想象的危险。儿童时期，孩子察觉到父母偏爱家中其他孩子后，有可能变得不自信。也许会有人不认同这一观点，但如果父母公平对待孩子们，孩子们就不会感到沮丧。如果父母重男轻女，那么女孩自然会感到自卑。孩子都是很敏感的，当孩子感到不如其他孩子受宠时，即便是好孩子也会产生错误想法，走向错误道路。

有多个孩子的家庭中，总会有一个孩子比较聪明，或长得更可爱，父母忍不住给予他更多的喜爱。但父母不应该把这种偏爱表现出来，否则，对某个孩子的偏爱会给其他孩子造成伤害，让他们感到泄气。他们会忌妒那个被偏爱的孩子，怀疑自己的能力，孩子们之间也很难好好合作。父母光嘴上说自己没偏心没用，还要不时留意孩子们内心是否会怀疑父母有偏爱。

现在我们谈谈孩子之间的合作，这也是家庭合作中的重要内容。孩子们只有感到相互平等时，才会对他人和社会感兴趣。男孩和女孩只有觉得彼此平等时，两性间才不会问题不断。许多人问：“成长在同一家庭的孩子，为何会差距悬殊？”有些科学家解释为遗传问题，但我并不认同。儿童的成长与幼苗的成长是相似的。栽种在一起的同种树苗，成长环境不会完全相同。一棵长得快些，可能是得到了充足的阳光、肥沃的土壤，同时，它的生长难免影响到其他幼苗的成长——遮挡到它们的阳光，向四周延伸的根会吸收其他树的养分。其他树苗会因营养不足而发育受阻，显得矮小。

如果一个家庭中某位成员太过优秀，其他成员的成长也会受阻。比如父亲事业很成功，或才华出众，孩子会因很难达到或超越父亲的成就，而变得气馁，缺少对生活的兴趣。这也说明为何名人后代会让父母和他人失望。因此，若父母的事业极为成功，他们应避免过多地在家中谈论自己的成功，否则便会阻碍孩子们的发展。

对于孩子们，也应该避免同样的事情。如果某个孩子出类拔萃，很可能会赢得父母更多的关注。对这个孩子来说，这样很好，但其他孩子会因受到不平等对待而心生怨恨。一个人不可能长期毫无怨言地忍受不公平的待遇，他们会不断地寻求优秀的目标。但是，这种追求可能会脱离实际，可能对社会毫无意义。

通过对一个孩子在有多个兄弟姐妹的家庭的成长环境的分析，个体心理学家发现全新的观点。为了让大家容易明白，我们假设父母和睦、合作良好，并且全心全意地养育孩子。但孩子出生顺序不同却会对他们带来不同的影响，在家排行不同的孩子成才环境会迥然不同。我们必须重申，同一家庭中两个小孩不会有完全相同的成长环境，每个小孩的生活方式都是他竭力调整自己以适应的特殊环境的反应。

每个家庭中的头一个孩子都经历了受“独宠”的时光，但是弟弟妹妹的出生，让他们的生活环境发生了巨大变化。头一个孩子出生后，受到全家上下的关心和照顾，他们是家庭的中心。而新宝宝的降生，改变了头一个孩子受专宠的地位，他们被迫与其他孩子分享父母的关爱。这种家庭地位的改变，对这些孩子影响深远，我们研究发现：很多问题儿童、精神病患者、罪犯、酗酒者、堕落者都经历过这种环境的变化。他们多数是家中长子或长女，父母的爱被剥夺给他们造成心理创伤，并从某种程度上造成了他们的错误思想或生活方式。

其他顺序出生的孩子也多少感受过父母的爱被分享的环境，但他们从出生便学着与他人分享父母的爱，长子却不同，他曾独占过父母的爱，所以他不可能平静地接受这种环境上的剧烈反差。并且，我们也不应指责他对此表现出的愤愤不平。当然，如果父母能让长子坚信父母对他的爱，能提前帮他做好迎接弟弟妹妹的准备，便极可能避免老大对此感到不满或气愤。可现实却是：长子毫无准备，便多了个弟弟或妹妹，而父母又把过多的精力放到小宝宝身上，结果可想而知，长子会努力引起父母的注意、争夺母亲的爱。有时候，我们会发现两个孩子同时向母亲争宠，他们都想获得母亲更多的爱。而大孩子总能有办法来吸引母亲的关注。如果换作我们是老大，地位变低、母爱被夺，我们就会理解他的言行，也会像他一样制造各种麻烦引起母亲的关注。老大的本意是获取母亲更多的关爱，但不恰当的方式却导致了相反的结果。母亲可能因老大的错误方式而厌恶、疏远他。原本，只是他觉得母亲疏远他，现在，母亲真的疏远了他。

这种情况下，老大不会认为是自己错了，而固执地认为都是他人的错，并且这种想法会越来越坚定。他不断地找例子证明自己被忽视了，这样他将会不停地挑起争端。

对于这种孩子间争宠的案子，我们要区分个体所处的环境。在这种案子中，如果母亲变得反感老大，并采取措施反对他，他的性格将会变得易怒、暴躁、挑剔、叛逆。如果这时父亲多给他些关爱，他会由依赖母亲转而开始依赖父亲，并以此来对抗母亲。这也是为何多数家庭中，第一个孩子大多与父亲较亲密。当一个成年人跟父亲感情更深时，我们可以大概推断出：童年时期，他经历过争夺母爱的失败，可能被母亲忽略过。这种经历让他产生的被忽视感将伴随他今后的生活，与人交往时，他总爱关注自我，因此，很难交到好朋友。

第一个孩子对母爱的争夺会持续很久，甚至会持续一生。他怀念被独宠的时光，若找不到志趣相同的人，他会失望，对未来失去信心。我们会发现他脾气怪异、畏首畏尾、不善于与人合作等，从而使自己孤立无助。从他的表现和动作，我们看出他在怀念自己曾是众人关注焦点的日子。他喜欢谈论过去，回想过去，对今后的生活不抱希望。他曾丧失过权力和受独宠的地位，所以对权力有很强的欲望。他长大后，一旦有机会，便喜欢搬弄权术，并且过于注重规则、制度和纪律。这类人一旦掌握权力，会变得小心多疑，担心别人取代他的位置，夺走自己的权力。

虽然第一个孩子的地位可能引起很多问题，但是如果家长处理得当，这些问题是可以避免的。假如在第二个孩子出生前，长子已经学会合作，那他可以避免受到心理伤害。我们发现，长子也有许多正面的例子：他们乐于帮助、照顾他人，像个长辈一样关心照顾弟弟、妹妹，他们还因此锻炼出很强的组织能力。当然，在照顾弟妹的过程中，他们也变得爱管理他人、希望被人依赖等。但整体来说，这类长子是积极向上的。

根据我在欧洲和美洲的研究，我发现：问题儿童中，第一个孩子的比例最大，其次是最小的孩子。出生顺序排在两端的孩子居然最容易出问题，这很有趣。目前，我们现有的教育水平，还不能完全解决头一个孩子成长中出现的问题。

第二个孩子在家中的地位也很特殊，不同于其他孩子，第二个孩子一出生就在和另一个孩子分享父母的关爱。所以，他生来就必须学着与人合作，除非第一个孩子打击、压迫他，否则他很容易适应自己的生活环境。但需要特别注意的是：第一个孩子一般爱与其进行竞争，所以他一直要与比自己年龄大、身体强的孩子竞争，导致第二个孩子一直处于拼尽全力追赶的状态。所以第二个孩子时常处于不断努力、勇于超越他人的状态。《圣经》中的雅各便是一个很好的例子。雅各排行老二，他不想一直落后，便一直努力着想超越哥哥，取代哥哥的地位。所以，这些不愿屈居人后、一直努力奋斗的老二是很容易成功的。他们努力追赶老大的步伐，促进他们快速地成长。由此，我们不愿相信老二的成功是遗传因素在发挥作用。

第二个孩子的这些性格特征不仅会表现在日常生活中，还会反映在他们的梦中。他们做梦的内容也不尽相同。比如，第一个孩子常常梦到自己由高处坠落。他们站在山峰最高处，却时刻担心被别人推下去，地位不保。而第二个孩子总爱梦到与别人比赛。梦中，他们不是在赛跑、追赶火车，就是参加自行车比赛等。因此，若一个人总梦到比赛或匆忙追赶什么，我们可以推断出他是家中老二。

当然，上面的规则不是绝对的。行为像第一个孩子的，也有可能是老二、老三。我们需要考虑整体环境的影响，而不只是出生顺序。一个家庭中，较晚出生的孩子也可能出现第一个孩子易出现的问题。比如，头两个孩子年龄相差不大，第三个孩子隔了好几年才出生，但紧接着老四老五陆续出生，这时老三容易出现第一个孩子的特征，而老四老五也容易出现第二个孩子的特征。当两个年龄相近的孩子比家中其他孩子小很多时，他俩之间也容易出现“第一个”孩子和“第二个”孩子之间的问题。

有时，第一个孩子在竞争中失败了，他在生活中会出现问题。有时，他成功地保持了自己的地位，控制着自己的弟弟妹妹，那么惹麻烦的人便成了第二个孩子。假如老大是儿子，老二是女儿，那么老大的处境便悲剧了。他不能接受被女孩子打败的可能，认为那将是莫大的耻辱。一个男孩和一个女孩间的竞争程度比两个同性孩子间的竞争要紧张激烈得多。在这种竞争中，女孩的优势较大，因为16岁以前，女孩在身体和心智方面的发展比男孩超前，会导致哥哥放弃竞争，人也变得灰心丧气。但他可能通过不正确的手段来打击妹妹，如夸海口或说谎。不过，毫无疑问，哥哥这些方法总会失效，妹妹总会轻轻松松地解决问题，顺利地前行。事实上，如果家长提前了解到这一问题，并事先采取防范措施，这种问题便可以避免。家庭中，应保证人人平等，所以成员要一起团结合作。任何成员间不应产生竞争的感觉，更不该让孩子将时间浪费到与兄弟姐妹对抗上。这样，才能避免不必要的麻烦。

家中最小的孩子是十分特殊的，没有弟弟妹妹威胁他在家里的地位。不过，这并不意味着他没有竞争者，相反，竞争者有很多。身为家中最小的孩子，他可能是最受宠的孩子，并具有被宠坏孩子的问题。但是，身边好多个哥哥姐姐的竞争，让他以惊人的速度成长，极力地超越哥哥姐姐。在人类历史中，幼子的特殊地位一直未被改变。比如《圣经》中，征服者几乎都是家中最小的孩子。约瑟（Joseph）一直是被当最小的孩子抚养的，在他17岁时，便雅悯（Benjamin）出生，但却未对约瑟的发展造成影响。约瑟的生活方式依旧像个最小的孩子。他始终认为自己是最优越的，连做梦都是这样，别人都要向他低头，他身上带着光环。

对他的梦，他的哥哥弟弟也很了解。朝夕相处，让他们十分了解他，甚至能感受到他在梦中的优越感。所以，他们都怕他、回避他。不过，约瑟最终成为家中最成功的人，并成长为家中的中流砥柱。其实，很多家庭中的中流砥柱都是幼子，人们都清楚这一点，并为此编写了很多故事。幼子最为成功是因为他成长中的优越环境：父母、哥哥姐姐的帮助，哥哥姐姐的刺激让他富有雄心壮志，再有，他的地位没有来自弟弟妹妹的威胁，可以毫不分心地奋斗。

可是，前面我们提过，问题儿童中占第二大比例的是家中最小的孩子。整个家庭对他的宠爱导致了这个现象。被宠坏的孩子缺乏独立性，他没有勇气去凭一己之力获取成功。他野心勃勃却又十分懒散，这懒散是野心加上缺少勇气造成的。野心太大使得他的目标难以实现，于是他便有些心灰意冷。尽管，有时最小的孩子否认自己的野心，因为他处处都想比别人强、不受他人约束。最小的孩子容易感受到自卑，这点也不难理解。在家庭环境中，每个孩子都比他年龄大、体格强、经验丰富，他有些自卑自然不足为奇了。

独生子也有独生子的成长困难。虽然他没有兄弟姐妹做对手，但是他还是有一个敌人，那个人便是他的父亲。母亲过于宠爱独生子，担心失去他，便会处处保护他。这会让孩子产生“恋母情结”，为了完全占有母亲，他便企图把父亲排除到家庭之外。但是，如果父亲能与母亲合作，让孩子对父母都感兴趣，孩子便不会这样。可惜，多数父亲不能像母亲那样关怀孩子。长子和独生子之间有相同之处，他们都想战胜父亲，并都对年长的人感兴趣。独生子还会担心父母生弟弟妹妹。亲戚朋友们还总爱开他玩笑：“让妈妈给你生个弟弟或妹妹吧！”他很讨厌这类玩笑，希望自己永远是家庭的中心，他认为这是他的权利。如果哪天他的地位受到威胁，他会愤愤不平。一旦他不再是大家瞩目的焦点，他便会出现问题。成长在小心翼翼的环境中对独生子的发展也很不利。如果父母确定不能再生育了，便会竭尽全力地帮助独生子解决生活中可能遇到的一切困难。但是，在有不止一个孩子的家庭中，我们也发现有些孩子也具有独生子该有的特征。因为他们的父母担心自己无法解决孩子过多带来的经济负担，总是忧心忡忡。充满焦虑的家庭环境，对孩子造成了不利的影响。

如果孩子们年龄差距过大，那么每个孩子都可能具有部分独生子的特征。这种情形当然不可取，所以常有人问我：“您觉得孩子们间隔多久出生比较合适？”“孩子们是相继出生好，还是间隔时间久点好？”在我看来，孩子间相差3岁是最理想的状态。因为3岁的孩子能与新出生的孩子合作，这时他已经能够对家中多出的更小的孩子做出正确的理解和认知。但是我们无法与1岁半或2岁多的孩子沟通，让他明白我们再要一个孩子的原因。所以，我们不能帮助他做好迎接新成员的准备。

如果一个男孩的家中只有姐姐妹妹，他的成长环境会比较艰难。他周围的环境里全是女性。父亲整日忙于工作，他所见所闻的都是母亲、姐妹和女佣等，这让他觉得特立独行，时常觉得孤独。特别是当这些“女性”一致对付他时，他更觉得孤立无援。假如他在家中排在中间，他会感到腹背受敌；如果他是长子，他会觉得一个强大的女性对手在追赶他；若他是最小的孩子，便可能被宠成玩偶。在女孩子间长大的孩子，一般不讨人喜爱。要想解决这个问题，我们可以让他多参加社交活动。不然，长期和女孩相处，他极可能染上女孩的特征。纯粹的女性环境和男女混合的环境是完全不同的。假设有一家公寓，对性别没有特殊要求，住户可以按自己的喜好布置房间。不难判断：女性入住的房间必定是干净整齐的，房间的颜色也是精心选择的，各处的小细节也颇费心思。反之，如果住户是男性，那房间就不会如此整洁了，没准是脏乱、嘈杂的，家具也破旧不堪。

在女孩中间长大的男孩在生活上也会有女孩的特质，生活品质和气质也会受女孩影响。反之，他可能对这种女性氛围很反感，注意保持自己的男子汉形象。这种情况下，他会在心理上提防女性的控制，避免受到女性的干扰。他常常想表现得十分优秀，内心却总是感到焦虑。这样他可能变得极端，要么十分强悍，要么十分软弱。这一情况也值得探究，不过我们想收集各种案例之后，再进行深入的探讨。同样，在男孩堆里长大的女孩，也容易形成男孩的性格或变得十分男性化。在生活中，她也会感到不安全或孤立无援。

每每研究成人问题时，我总能发现，他们在童年初期的记忆是根深蒂固的。在家庭中的地位影响着他们的生活方式。他们成长中遇到的各种问题都与家庭中的竞争和缺乏合作有关。若仔细观察我们的生活，并讨论为何生活中明显地充满敌对和竞争，我们便会发现：不仅是我们的生活，整个世界都是这样。我们也就明白了：人人都想成功，人人都想超越别人。而这种目标是在童年时期形成的，是孩子自己觉得未在家中得到公平对待而形成的想法。若想解决这一问题，最好的办法就是教育孩子更好地与人合作。

第七章　学校的影响

教育的变革

学校教育是家庭教育的延伸。假如父母能够担负起对孩子教育的所有责任，培养他适应社会生活、解决所有问题的能力，就没有学校教育存在的必要了。很多社会学校出现之前，家庭承担着孩子的全部教育任务。工匠会把他从父辈或者祖辈那里学习到的技术，自己摸索出来的经验传授给自己的下一代。随着社会的进步，现代社会文明对人类提出了更为复杂的要求，我们不仅要学习父母教授的知识，还需要学习各方各面的知识，从而适应社会发展的需求。

美国的学校教育没有经历过欧洲学校教育的演变发展阶段，但我们还是可以看到美国教育当中存在着权威式教育传统的痕迹。早期的欧洲教育，只有皇室或贵族的子弟才有资格接受学校的教育，他们也成为当时社会中更有“价值”的人。其他的人注定要安分守己地工作，踏实地生活，默默无闻地过一辈子。后来，教育对象的限制条件慢慢放宽，教育由宗教机构主管，可以有少数经过特别挑选的人接受宗教、艺术、科学和专业训练。

随着科技的发展，社会的进步，教育的形式和范围也随之快速变革。普及教育成为社会发展的必然趋势。曾经的乡村教师大多是由皮匠或者裁缝等来担任，他们教育孩子的时候，手里总是拿着教鞭对学生进行体罚，教育的效果往往并不理想。那时候只有宗教学校和大学才能教授艺术课程，其他学校只能教授技术和科学方面的知识，甚至连皇帝都是不学无术的。随着工业革命的兴起，社会对人们的要求逐渐提高，基本上工人们都会读书、写字、计算、画图等。现代化的公众学校就是在工业时代时形成了基本的雏形。

然而，公立学校都是按照政府的政策设立的，目的在于为政府培养顺从的公民，训练公众顺从统治者的利益，并随时能应征入伍，征战沙场。历史中记录了某一时期的奥地利就采用过这种教育方式，他们对最卑微的社会民众进行教育，目的就是让他们为政府服务并安分做好自己的本职工作。但慢慢地，这种模式的缺陷渐渐暴露了出来。工人阶级不断壮大，自由的思想开始萌芽，他们对教育的需求逐渐增多，为了顺应时代的要求，公立学校也逐步接纳先进思想和改进教育方法，形成了现代的教育模式。现代流行的教育思想是：我们要教会孩子自立并能与他人合作，应该教他们关于文学、科学和艺术的知识，引导他们为人类文明的发展做出自己的贡献，而不只是习得工作技能而已。孩子们需要在平等、尊重、和平的环境下共同协作，创造人类文明。

教师的作用

无论我们是否能够意识到，任何人去建议学校改革，他都是在寻找一个途径去增加社会生活的合作度。例如，进行性格教育，所隐藏的目的就是让个体能够获得他人的认可。如果我们了解到这个宗旨，性格教育要求的理由便十分明显。就教育整体而论，教育本身的目标和技巧尚未得到彻底解析。我们必须找出这样一批教师，他们不仅能教会孩子谋生本领，而且能教会他们以有益于他人的方式来为人处世。当教师意识到教育任务的重要性时，他们会自觉地接受训练以期胜任这份工作。

性格教育目前还处于实验阶段，并没有形成系统的框架条例。即使是在学校里，也没有发现什么有效的办法能彻底纠正人性格方面的缺陷，学校的性格培养结果也难以令人满意。在家庭教育中，孩子的性格缺陷已经形成，尽管学校能给予一定的训练和纠正，但仍无法消除性格的弊端。因此，我们能做的就是让教师在校园生活中理解孩子、包容孩子，帮助孩子愉快、健康地成长。

我大部分时间都在研究孩子的性格教育。研究中发现，维也纳的学校在这方面的工作效果显著。在其他国家，虽然也有很多心理医生给孩子们做心理指导，并为他们的心理困惑提出建议。但是他们的治疗理念和指导建议，没有被孩子的教师所认同并执行，最终又能有什么效果呢？追述其中原因，心理医生们一个星期和孩子只见一次或两次面，他们不能了解孩子真实的生活环境，如家庭、学校等的情况，治疗不会取得显著效果。心理医生只能开一个方子，说这个孩子需要加强营养，说另一个孩子应该接受甲状腺治疗，也许还会暗示老师某个孩子需要单独接受特殊治疗。但是，老师并不知道问题原因，也不知道处方目的和避免错误的方法。除非心理医生能真正了解孩子的性格，否则所有努力都是徒劳。因为只有老师才最了解孩子的性格，会给予他们帮助。因此，心理医生和教师必须密切配合，教师只有弄清楚心理医生的治疗目的，才能真正分析孩子的问题，帮助孩子配合治疗。即使发生了什么意外问题，他也能在心理医生不在的情况下应变自如。那么，处理此类问题，最实用的方法可能就是像维也纳一样设立咨询中心。这种方法，我将在本章末尾详细论述。

当孩子初入学校时，迎接他的是全新的生活体验，他的缺点也在这一过程中彻底暴露。他要学会在这个更为广阔的领域中与人合作。如果他在家中已经习惯了被人宠爱，他很可能不想离开被保护的生活，也不想和其他孩子享受平等的待遇，并且和他们打成一片。因此，我们能够想象到被宠坏了的孩子，在入学的第一天，仍然期望以自我为中心，对学校的学习和老师都没有任何兴趣，不听老师的话、大吵大闹。显然，他的学习成绩必会落后于人。常常有父母跟我说，自己的孩子在家里很乖，可是一到了学校就成了问题学生。我猜测，这个孩子在家里备受重视，过得很舒适。在学校里，不再有人溺爱他，心理有落差，自然就会觉得备受打击。

有一个孩子，从他第一天入学起，就什么事也不配合，只是一味地嘲笑老师。他对学校的任何事情都丝毫不感兴趣，大家都认为他可能是个问题儿童。我与这个孩子见面时跟他探讨："大家很好奇你为什么要嘲笑老师说的话？"他回答说："学校就是一个大笑话，父母把我送到学校里就是要看我闹笑话。"由于家人时常嘲弄他，因此他本能地认为每一个新情景都是要寻他开心的诡计。我劝导他，是自己太过于关注自尊了，并不是每个人都想要嘲弄他。之后，他开始对学校产生兴趣，并逐渐开始喜欢上学习，成绩也有了大幅的提升。

教师的职责不仅在于授业解惑，还要纠正由于父母的错误教育让孩子形成的性格弱点。有些孩子在家庭教育中已经学会了与他人合作，他们很容易适应学校生活，有些孩子还未做好准备。当一个孩子还不具备适应新环境的能力时，就会表现得畏缩不前、犹犹豫豫。但这并不是因为他们智力低下，而是他们还没有做好融入新环境的准备，没有掌握与他人相处的能力。此时，他们亟须老师对他们进行帮助和引导，使他们尽快融入新的环境。

教师应该如何帮助这些孩子呢？首先，老师应该把自己当成一个母亲，吸引他们的注意力，与孩子们建立联系，而不是用训斥和惩罚的方法对待孩子。如果一个孩子到学校之后，每天面对的是老师的惩罚和责备，就只能加深他对学校的厌恶。我们必须承认，假如自己是一个在学校经常受老师冷嘲热讽的孩子，我们一定会想尽一切办法从这种环境逃脱。

那些成绩差、顽劣不受管教的孩子厌恶上学，并不是因为愚笨。他们在编造逃学理由和模仿家长笔记方面表现出了让我们惊叹的天赋。他们在学校以外和其他逃学的孩子混在一起，从这些同伴那里获得赞扬。因此，他们在这样的群体中能感觉到优越感，能感觉到自己在学校不曾有的价值。从中我们可以明白，为什么在班里被人看成另类的孩子最容易成为被犯罪分子利用的对象。

如果老师想要吸引儿童的注意力，他必须首先知道这个孩子对什么感兴趣，并且要让他明白，不管是感兴趣的方面还是其他方面，他都能通过努力取得好成绩。当孩子对自己的某一方面充满自信时，在其他方面也会拥有信心。所以，一开始我们应该先了解孩子对世界抱有什么看法，什么最吸引孩子的注意力，训练效果最理想的感官方法是什么。有些孩子对观察世界最感兴趣，有些孩子喜欢聆听，有些喜欢运动。视觉型的孩子会对那些运用眼睛的学科（比如地理、绘画等）比较容易感兴趣。如果老师讲课仅仅是声音刺激，而没有提供机会让他在视觉方面发挥作用，这些孩子可能会接受知识很慢，因为他们不习惯于使用自己的听觉。这时不明事理的人会认为他们能力不足或缺乏才智，有可能还会归咎于遗传。但是我们必须懂得，教育的主要目的是让孩子学会如何更好地合作。其实，孩子们不懂得与人合作，老师和家长也难辞其咎，因为他们没有找到能让孩子产生兴趣的正确方法。我并不是建议要对这些孩子进行特殊教育，我真正的建议是可以根据他们某种高度发展的兴趣，鼓励他们培养在其他方面的兴趣。在现在的教学中，已经有学校在实施视听教学，老师们用将各种感官同时运用起来的方式把教材内容传授给学生。例如，把绘画、道速和课程结合起来等等。这是值得推广的一种教学模式。教授知识最好的方式就是将教材内容和生活中的事物紧密联系起来，使孩子们能够看到教学内容在生活实际中的应用价值。也许有人会提出疑问，直接把知识传授给孩子好？还是教孩子独立思考好？在我看来，这两个问题割裂开来就太片面啦！这两种方法应该同时运用。例如，教孩子把建造房子和数学联系在一起，让他算出需要多少木材，里面可以住多少人等等，对他一定有很大帮助。有些课程贯穿在一起教授，会起到事半功倍的作用。许多专家可以把生活的方方面面联系在一起，老师和学生一起散步，老师清楚学生的兴趣点，他在路上就可以指导学生认识各种植物的名称、结构、用途、习性，气候对各种植物的影响，农业的历史等每一个方面。当然，前提是老师必须对他所教的学生真正感兴趣，否则，我们就不能期望他采用的教育方式是孩子们感兴趣的了。

课堂里的合作与竞争

在现今的教育体制下，我们通常会发现：孩子入学之初，对竞争的准备要比合作更充足。在学校教育中，会持续不断进行竞争的训练。这对小孩来说是一种不幸，假如他冲到前面击败了其他的孩子，他的不幸也不亚于落在后面放弃奋斗的孩子。在这两种情况下，他仍然只对自己感兴趣。他的主要目标不是奉献、帮助，而是尽力让自己获取利益。家庭应当是一个整体，每个人都是其中平等的一员，班级里的每位同学也是如此。只有按这个方向接受教育，孩子才会真正地对彼此感兴趣，并且享受与人合作的快乐。很多问题儿童，在对同学建立兴趣并享受合作的快乐后，之前消极的态度便改变了。我想特别提一个小孩的例子。他出生在一个自己觉得每个人都对他有敌意的家庭，并认为学校里每个人也都对他有敌意。他在学校的成绩很不理想，当他拿到一张很差的成绩单时，学校的老师训责了他，回家后又受到一番惩罚。这种情况经历过一次就足够令人沮丧，两次受惩对于孩子而言很残酷。所以这个小孩成绩一直很差，是班里公认的捣蛋分子。最后，他找到了理解他处境的一位老师，这位老师向其他孩子解释这个孩子为什么会以为大家都与他为敌。老师要求大家帮助他，让他相信大家都是他的朋友。最终，这个男孩的行为有了出人意料地改善。

有时候，人们会怀疑，我们能否教会问题孩子真正理解并帮助别人。但是依据我的经验来看，孩子往往会比大人更善解人意。曾经有位母亲带她的两个孩子（一个 2 岁的女孩和一个 3 岁的男孩）来到我这里。在母亲不注意时，小女孩爬到桌子上，把她妈妈给吓呆了。母亲吓得无法动弹，只是大叫：“下来！下来！”可是小女孩根本不予理会。3 岁大的儿子说：“待在那儿，不许动！”这个女孩却马上安全地爬下来了。他比他母亲更理解妹妹，知道在这种情况下该怎么做。

对于加强班级的团结和合作，最好的办法便是让孩子们进行自治，但是，作为引导者，这种尝试必须谨慎，老师必须进行计划和指导，而且要确信孩子也做了充分准备，具备了自治的能力。否则，我们会发现孩子们对于他们自己的自治不会太认真。因为他们将这种自治视为一种游戏。游戏的结果是他们可能比老师苛刻得多，他们或许会利用开会来争权夺利、攻击别人、彼此嘲笑，或用来争取优势地位。因此，最重要的是，老师应从一开始就注重观察，给予学生们应有的建议。

如果我们想观察一个儿童的智力发展、性格和社会行为的情况，就不可避免要进行各种各样的测验。事实上，有时候类似智力测验也能作为拯救孩子的工具。譬如成绩不好的小孩，老师会希望他能留级。结果在对他进行一个智力测验后发现，事实上他能学习更高年级的知识。然而，我们应该意识到，一个孩子将来发展的前景是无法预料的，智商低只能用以说明孩子当前的困难，是用来确定什么方法可以解决困难的。根据我以往的经验，如果智商测验的结果没有揭示其真正的心理障碍，只要我们找到正确的方法后，我们便能使他的智商发生改变。我发现，如果允许孩子玩智力测验，熟悉它们，发现测验的工作原理，并增加实际测验经验，他们的智商得分便会有所提高。总之，任何智商测验结果都不应被作为对孩子未来发展设定的一个命运或遗传决定的限制。

儿童本身及其父母不应当去知道孩子的智商分数。因为，他们在不知道测验意图的情况下，也许会误认为这代表着一个最终判决。造成教育中最大问题的，不是对孩子的什么限制，而是他认为自己本身存在什么限制。如果一个孩子知道自己智商分很低，他可能会失去希望，认为自己没有任何成功的希望。每个孩子会根据自己对生活经验的诠释而否定自己在某些方面的能力，因此在教育中我们应当将精力用于增强孩子的信心和兴趣，并消除他的顾虑。

对于学校的成绩单也应该是这样来处理，学生评语也是如此。如果老师给某个学生的评语很差，老师的本意可能是激励孩子，使之更加努力。但如果孩子家教甚严，他会害怕把评语拿回家，他不敢回家，甚至会涂改评语。极少数孩子甚至会在这种情况下自杀。因此，老师必须想到自己的所作所为可能会对孩子产生的所有影响。老师不能对孩子在家里的生活及其对孩子的影响负责，但是他也必须在教育中将这些因素考虑在内。如果家长望子成龙或望女成凤心切，那么当孩子带着一张很差的成绩单回家，就可能遭受斥责。假如老师稍微宽容和蔼一点，让孩子感受到更多的鼓励，他就会继续进步而取得成功。如果一个孩子在学校的成绩总是很差，其他同学都认为他是班里最差的学生，他自己可能也会这么想，并且觉得自己是无药可救了。然而，即使是最差的学生，也有进步、提高的可能。在许多出类拔萃的人物之中有很多这样的例子说明：在学校落后的孩子也可以重获信心和兴趣，继续取得伟大的成就。

学校里有一个有趣的现象，就是孩子们自己无须看成绩单，就能对彼此的能力做出精确的评判。他们知道谁的数学最好，拼写、绘画、体育各门功课谁做得最好，谁最会玩游戏，也知道每个人在班里的排序。然而，他们最常犯的错误是认为自己不能做得更好了。他们只看到了别人遥遥领先，认为自己永远无法与之比拟，无法超越别人。倘若这个孩子态度十分坚决，他会让这种态度限制其终身。即使在成人之后的生活里，他也会计算自己与别人位置的差距，并认为他肯定会比不上别人。在不同的年级学期，大部分孩子在学校都会一直占据大体相同的名次。他们总会是靠近最好，处在中间，或在最下面。这表明一个问题，孩子们给自己设定了限制。我们不应认为这一事实能表现一个人的天赋如何，它只是说明一个人为自己设置的限制、他的乐观程度以及活动范围。我们不必惊讶在班上排位最末的孩子会突然改变并开始取得惊人的进步。孩子们应当认识到自我限制会产生何种错误，老师和孩子都必须打消“普通孩子智力发展与遗传天赋密切相关”这个念头。

先天素质与后天培养

教育中所犯的各种错误里，最严重的便是相信遗传会是孩子发展潜力的限制。老师和家长有可能会以此作为为自己错误开脱的理由，他们因此放松努力，并且轻松地卸下他们对孩子们产生影响的责任。任何避免责任的企图都应遭到驳斥。如果一个教育工作者真的要把性格和智力的发展全部归之于遗传，我看不出他有什么可能在这一行中干出成绩。反之，如果他看到自己的态度和坚持能影响孩子，他就不会用遗传的观点来逃避自己的责任了。

在这里，我所指的并非器官缺陷的生理遗传。生理缺陷的遗传是毋庸置疑的。我相信，唯有在个体心理学中，这种由遗传带来的缺陷对心理发展的影响才能真正地被诠释。儿童能意识到自己器官功能的作用情况，并根据自己的判断为自己的发展做出一定的限制。其实影响心灵的并非生理缺陷本身，而是孩子对自己缺陷的态度，以及与之相应的认识发展。因此，如果一个小孩要承受生理缺陷的痛苦，这将会是极为致命的。他必须清楚自己一定不缺少智力或个性上的潜力。之前，我们已经讨论过：同样的生理缺陷，既可能成为孩子付出更大努力或取得更大成功的刺激之物，也可能会成为妨碍他们发展的障碍。

最初，当我首次提出这一观点时，许多人批评我不够客观科学，他们认为我提出的观点只是不符合事实的个人信念而已。然而，我的结论是从我个人的研究总结中得出的，而且有利于这个结论的论据也越来越多。现在，许多精神病学家和心理学家也得出了相同的结论，对性格中遗传特征的信仰可以归结为迷信。这当然是一个已经延续了数千年的迷信。一旦人们想逃避责任，就会对自己的行为举止用一种宿命观来搪塞，因此性格特征来自遗传的理论便会再度被人们追捧。简单说来，这就是相信婴儿从一生下来就已确定了自己是善是恶。而这种说法显然是站不住脚的，只有强烈希望逃避责任的人才会任其存在。正如各种性格的表现一样，“善”与“恶”只有在社会环境中才有辨别的意义。它们是在社会环境里或与其他人的交往中才会有意义，其中隐含了一个道理：一个人的行为是“有利于他人的利益”呢，还是“有损于他人的利益”。婴儿在出生前，没有复杂利益关系的社会环境，一旦出生，他便有千万种发展的可能性。他的选择来自他生活的环境和自己身心所感受到的印象感觉，依赖于他对这些印象与感觉的诠释方式。而教育则是最重要的影响因素。

其他心理功能的遗传亦是如此，尽管证据也许还不太明显。心理功能发展中最重要的因素便是“兴趣”，我们已经讨论过兴趣受阻的因素是非遗传的，而是由于沮丧、气馁和对失败的害怕。毫无疑问，大脑的生理结构在一定程度上是遗传带来的，但大脑仅仅是心灵的工具，而非来源。当脑部的缺陷没有严重到影响我们运用现有的知识正常思考的程度，我们便可以通过训练来弥补大脑的先天不足。在每种非同凡响的能力后面，我们发现的不是异乎寻常的遗传，而是坚持不懈地对兴趣努力。

即使我们发现有许多家庭，连续几代都为社会培养了多位才华横溢的人才，我们也不能断定起作用的是遗传因素。我们宁可假设：家里某一位成员的成功激励了其他人，家庭的传统也促使孩子们在耳濡目染中继承了先人的志趣，并通过不断地锻炼和努力成就了自己。因此，譬如我们了解到伟大的化学家利比格（Liebig）是位药店老板的儿子后，我们就很容易断定他在化学方面的才能并非来自遗传。仔细调查后，我们发现家庭环境允许他追求和发展自己的兴趣，在其他孩子处于对化学仍然一无所知的年纪时，他已经熟悉了大量化学知识。莫扎特的父母对音乐颇感兴趣，但莫扎特的音乐天赋并非来自遗传。其父母希望他对音乐产生兴趣，并鼓励他在这个领域发展。从他的幼年时代起，他的整个环境便充满音乐。在杰出人物当中，我们经常会发现类似的都有一个“早的开始”：在 4 岁时练习弹钢琴，或者很小的时候便给家里其他人讲故事。他们的兴趣持续而广泛，而他们的训练自觉且长久。他们一直都勇往直前，不气馁，不犹豫，也不后退。

假如教师认为学生给自己的发展所设置的限制是固定不变的，那他绝对不可能帮助这个孩子消除这些限制。如果他对这样的孩子说：“你没有学习数学的天分。”他自己的处境自然是轻松多了，但孩子会因受打击而泄气，我自己就有这类的切身体会。在读书过程中，有好几年我都是班里的数学白痴，并认为自己完全没有数学天赋。幸运的是，有一天，我出乎意料地发现自己会做一道难倒了老师的题！这个突如其来的成功改变了我对学习数学的整个态度，那之前我对这门功课已完全失去兴趣，之后我开始以学习数学为乐，并利用每个机会来提高自己的数学能力。结果，我成了全校数学考试的佼佼者。这个经验让我认识到：特殊天赋或天生才能的理论是个谬论。

认识个性特征

即使是在人数较多的大班里，我们也可以观察到孩子们之间的差异。如果我们了解他们的性格，一定比对他们一无所知的人，更容易把控和教导他们。然而，大班人数多肯定有很多不利的因素。有些孩子的问题很容易被他们隐藏起来，老师很难做到适当地进行处理。作为老师应当对他所有的学生都了如指掌，否则他便无法激发他们的兴趣，培养他们共同合作的能力。我认为，如果是同一位老师一直教导孩子们几年，这会对他们有极大的帮助。在某些学校里，老师们经常是半年左右就被换到别的班，教师们没有足够的时间和机会与孩子们打成一片，无法察觉孩子的问题，追踪孩子的发展。倘若一位教师能够同一帮孩子相处三四年，他可能更容易发现某个孩子生活方式中的错误并设法加以纠正，而且也更容易帮助这个班级发展为一个互相合作的小集体。

让小孩跳级经常是弊大于利，他会因为需要承担很多无法实现的期望而感到压力沉重。假如某个孩子年龄比同班同学大许多，或智力比其他同学发展快得多，也许我们可以考虑把他升到较高的年级中去。但是，如果这个班级如我所预期的那样，是一个团结一致的小集体，那么一个成员的成功，有可能会成为其他人进步的动力。如果班中有一位光芒四射的学生，那么整个班都可能会加速进步，快速提高。剥夺其他成员承受这种刺激的力量，这是不公平的。我更想从其他角度提出建议，我们可以让一个聪颖过人的学生，做完班里普通的功课以后，参加其他活动，培养其他兴趣，如绘画等特长课程。他在这些活动中的成功也会增加其他孩子在这方面的兴趣，鼓励他们大步前进。

让孩子留级重读，情况就更不幸了。通常，留级的学生不管在学校还是在家里都会存在一定的问题，尽管他们当中并非全部如此。有极少数留级生也不会造成任何问题。但是，绝大部分孩子留级后依旧故我，成绩仍然落后，问题仍然很多。同学们对他们通常没有什么好印象，他们对自己的能力也不抱任何希望。在我们现今教育体制中，我们不能轻易废除留级制度，这是学校教育中的棘手问题。有些教师利用假期来给落后的孩子补课，努力让他们认识到自己学习方法态度中的错误问题，尽力避免一些落后学生留级重读。当这些孩子弄明白问题所在，努力弥补、纠正之后，这些孩子就能顺利地度过下一学期。确实，这是我们唯一能想到的方法来帮助落后的孩子，只有让他看清他在估计自己能力时所犯的错误，我们才能放心地让他无拘无束地通过自己的努力发展下去。

我曾看到孩子们被按照成绩优劣编入不同的班级，这样做，我发现存在一种十分突出的现象。当然，我必须声明我的这种经验主要来自欧洲，我不知道美国是否也存在类似的情况。在学习成绩较差的慢班里，我看到智力迟钝的孩子与出身贫寒的孩子被混编在一起。而在成绩优异的快班中，大部分孩子父母家庭经济状况都比较富裕。这种现象显然是不太合理的。贫穷家庭的孩子在上学前没有得到足够的教育指导，他对于上学没有做好充分的准备。究其原因，很容易知道他们的父母困难重重，不能分出太多时间来教育孩子，或者是他们的父母本身受教育程度不高，没有能力帮助孩子。因此，我认为把这些因为家庭困难没能为上学做好充分准备的孩子放到慢班是不恰当的。如何来弥补他们的准备不足对于一个训练有素的老师并不困难。把他们与那些准备更充分的孩子放在一起，他们进行仿照，必然获益良多。但是，把他们放到慢班里，他们很快就会清楚这一事实，而快班的孩子也会知道，并且会瞧不起他们。于是，慢班就会成为促成孩子产生沮丧气馁心理，并对优越地位产生不正当追求的沃土。

同理，男女同校一样值得大力提倡。对男孩和女孩来说，在同一所学校上学是一个相互了解的绝好机会，这样他们能学会如何与异性合作。但是，天真地认为男女同校就可以解决所有问题，也是大错特错的。男女同校也存在特殊问题，如果这些特殊问题没有得到承认并给予合理的处理，那么混合学校里性别疏远可能会比单性学校更严重。例如，困难问题之一便是：在 16 岁之前，女孩比男孩身体发育得快。如果男生不能清楚了解这一点，就很难做到维护自尊。他们会因为自己被女生超过而自惭形秽，垂头丧气。他们还可能对此记忆深刻，并感到害怕，造成在以后的生活中避免与异性竞争的现象。一位支持男女同校并了解其问题所在的教师，能够利用这种制度取得极大的成就。但如果他不完全赞同这种安排，对此不感兴趣，他必定会遭受失败的打击。还有另外一个困难：假如孩子们没能受到良好培养和管理，学校监控不足的话肯定会发生性的问题。

在学校教育中，性教育问题是非常复杂麻烦的。教室并不是进行性教育的适当场所：假如老师在全班同学面前讲述这些知识，他根本无法知道是不是每个孩子的理解都是正确的。这样的话，他可能因此激起了他们对这个问题的兴趣，但却不知道他们是否已为此做好了准备，以及他们将如何调整自己的生活方式来适应这些兴趣的发展。当然，如果孩子想多知道一些，并私下去咨询老师其他问题，那么老师应当坦率地告诉他真实的答案。这样，他便找到了一个机会来判断这个孩子真正想知道的是什么，并引导他找到正确的答案。但是，老师如果在班上不断地谈论性的问题，这肯定对孩子是极为不利的。有些孩子肯定会因此曲解很多问题。同时，把性当成似乎是一件无关紧要的事情，也毫无益处。

只要学习过如何了解儿童，即使在人数较多的班级里，也可以观察出孩子们之间的差异。如果我们了解孩子们的性格，就比对他们什么都不知道的人更容易了解他们。我们可以通过观察孩子们的姿势、倾听和观看的方式、与其他小孩保持的距离、交朋友的容易与否，以及注意力集中的能力等等，来判断孩子们的合作程度。如果一个孩子总是忘记做作业或弄丢课本，我们可以推断，这个孩子对他在学校的课程不感兴趣。我们必须找出他对学习丧失兴趣的原因。假如另一个孩子不参加其他孩子的游戏，我们可以推断其可能存在一种孤独感，并且只对自己的利益有兴趣。倘若第三个孩子老是要别人帮他做事，我们可以看出这个孩子缺乏独立精神，并希望得到别人的支持。

有些孩子只有得到嘉奖和欣赏时才肯学习。有许多被宠惯的孩子，老师稍加重视并给予额外注意，功课便会大有起色。假如他们失去了这种特别的关怀，麻烦就来了。除非他们有观众，否则他们将一事无成；如果他们仅仅是观众，他们便会失去兴趣。这种孩子在数学方面往往会有巨大的困难。要这类孩子记住一些规律或句子时，他们记得极为准确，但一要他们自己解答一道难题，他们便束手无策了。这似乎只是一种小毛病，但正是那些老要得到别人的支持和注意的孩子，会给别人的幸福生活造成最大的危险。如果这种态度保持不变，他们在成年之后的生活里也会要求获得别人的支持。只要一遇到难题，他们的反应就是寻求让别人为他们解决问题的方法。他们一辈子都不会为别人的利益做出贡献，只会成为别人永久的包袱。

还有另一种类型的孩子，他们想成为别人注意力的中心。如果处境不如意，他们便会做鬼脸，在班里捣乱，以引起其他孩子的注意力，导致大家都讨厌他们，最终以哗众取宠的方式吸引别人的注意。斥责和惩罚对这种孩子来说毫无效果，反而会成为他们的一种乐趣。他们宁愿受罚，也不愿被忽视。在他们看来，自己的恶行所带来的后果，是为自己所得到的快乐而付出的正常代价。许多孩子只把惩罚视为对自己的挑战。他们将其视之为一场看谁坚持到最后的比赛或游戏，他们认为自己总会赢，因为主动权掌握在他们自己的手中。因此，与父母或老师对抗的小孩，在接受惩罚时，不但不哭，反倒会笑。

懒惰的孩子，除非他的懒惰可以构成对父母老师的直接威胁，否则他往往是个害怕失败却雄心勃勃的小孩。每个人对失败都有不同的理解，懒惰的小孩从来没有品尝过真正失败的滋味，因为他从未坦然应对过一次真正的考验。他总是回避竞争，拒绝与别人一较长短。别人都知道，如果他没有这么懒的话，他肯定能克服自己的困难。他也总是逃进这个快乐的白日梦之中："我要是肯做的话，什么事我都能成功。"一旦失败，他还可以将失败弱化，进行自我嘲讽："我只是懒而已，并非没有能力。"以便维护自尊。

有时老师会激励懒学生说："只要你多努力一点，就能成为全班最聪明的学生。"如果他不费吹灰之力，就可以得到这样的赞誉，为什么他要努力学习来冒这个险？很可能，如果他勤奋努力而失败了，人们便不再认为他的失败是才华未显了。人们也不再用可能的成就对他评价，而是用实际成就来评判他。懒孩子的另一大优势就是：只要他做了一点点工作，便会因此得到别人的夸赞。人人都希望他有了改过自新的意识，都急于鼓励他继续痛改前非。但同样一件工作，如果是勤劳的孩子做的，人们不会对此有如此之多的注意。久而久之，懒孩子会以这种方式在别人的期望中过日子。他是一个从婴儿起就被宠坏的孩子，一开始便学会了怎样通过别人的努力来得到一切。

还有一类孩子往往很容易被辨认出来。他们就是喜欢在同伴中起带头作用的孩子。人类确实需要领袖，但大家需要的只是能顾全大众利益的领袖。这样的领袖颇为罕见。大多数儿童扮演带头人角色，只是希望能够满足自己控制、操纵别人的兴趣。也只有在这种情况下，他们才会与同伴打成一片。因此，这些儿童的未来并不会一帆风顺。在以后的生活中，各种困难必会纷至沓来。两个这样的“领袖”在婚姻、商场或社交关系中碰在一起时，往往不是带来悲剧，便是闹剧。每一个人都力求寻找所有机会来控制对方，建立自己的优越地位。有时在一个家庭中，长辈看到被宠爱的孩子对自己颐指气使，他们不认为这是问题，反而会以此为乐，对孩子开怀大笑，怂恿他再接再厉。然而，教师很快便可以确定：这种教育发展方式不利于孩子在社会上过一种有益的生活。

当然，孩子们各不相同，我们的目标绝非要把他们按照同一个模型，切成同一个式样，塑造成固定的类型。我们想做的只是要预防那些显而易见会造成挫败和困难的习惯的产生，而这样的习惯在童年期进行预防和纠正要比其他时期容易得多。假如这类习惯从未得到纠正，那孩子成年后的社会生活将受到严重影响，而且有可能对成功造成损害。童年期错误与成人期失败之间有着直接的联系，而且一脉相通。没有学会合作之道的儿童，以后会变成神经症者、酗酒者、罪犯或自杀者。儿童患焦虑性神经症之后的症状是害怕黑暗、陌生人或易受到新环境的惊吓。忧郁症患者大多曾是爱哭的娃娃。在现代社会中，我们无法按照期望走到每个父母身边，帮助他们避免和纠正错误，特别是那些固执己见的父母最需要得到建议。然而，我们却有可能接触到所有的老师，通过老师，我们可以接触到全部的学生，尽力帮助他们矫正已有的不良习惯，培养他们独立、勇敢、乐于合作等面对生活的能力。我认为，这种教育便是人类未来福利的最大保证。

顾问会议的工作

为了联系更多的教师，实现在学校建立顾问服务项目的目标，大约在 15 年前，我就已经在个体心理学中开展了顾问会议工作，这种做法在维也纳以及许多欧洲的城市中均已经被证明非常有价值。拥有崇高理想和远大希望虽然是件好事，但是如果没有找到合适的工作方法，空谈理想是不切实际的。经过这 15 年的摸索总结，我认为自己设立的顾问会议已经被证明获得了完全的成功，这种方式为处理儿童问题，并将儿童教育培养成一个责任意识良好的公民提供了最好的工具。当然，我坚信，如果顾问会议基于个体心理学，那么它成功的机会将更大，但我也找不出什么理由要反对它与其他学派的心理学家合作。实际运用过程中，我一直寻求顾问会议与其他学派的心理学家一起合作，从而比较各个学派得到的结果。

在学校顾问会议的建立过程中有一位训练有素的心理学家，他对解决教师、父母和儿童的困难经验丰富，能够和学校的教师们一起讨论他们在教育工作中遇到的问题。在访问某所学校的时候，教师有可能向他描述某一儿童的个案以及孩子的特征表现：很懒、功课跟不上，也许还喜欢和其他同学争吵、逃学、偷窃。心理学家要运用他自己的经验，与教师们展开分析和讨论。大家详细描述孩子的家庭生活、性格和人格发展及发生问题的环境，这些都必须受到特别注意。然后教师们便和心理学家一起研讨可能造成孩子出现问题的所有原因，并制定处理问题的办法。因为他们都有丰富的经验，所以很快就能得到一个解决方案。

在心理学家到校当天，这个孩子和他的母亲都必须到校等候。心理学家和老师讨论要怎样有效地与孩子的母亲交谈，如何才能影响孩子的母亲，并让她明白这个孩子失败的原因，等等。之后，才把孩子的母亲请进来。母亲会提供更多关于孩子的信息，然后她与心理学家互相讨论。在谈论中，心理学家给予母亲建议，让母亲知道要采取什么措施来帮助这个孩子。通常，母亲会很喜欢这种咨询的机会，也很愿意合作。但当她的态度出现犹豫或者抵制时，心理学家或教师可以列举其他类似的情况，从中引申出可以运用到这个孩子身上的办法。

最后，把孩子叫进房间，心理学家和他友好交谈，但不是谈论他犯的过错，而是解决他眼前的困难。交谈中，心理学家需要确定是哪些观点和问题阻碍其健康成长，以及孩子轻视而别人很重视的信念，等等。他并不斥责这个孩子，只是和他进行一种善意的交谈，让他接受另一种观点。假如他要提到这个小孩有某种错误，他会以一种假设为前提来进行讨论，并以此来征求孩子的意见。对这种工作没有经验的人，在看到孩子很快便能了解并转变整个态度时，一定会大吃一惊。

曾经受过这项工作训练的教师们，对其都很感兴趣，无论如何都会一直坚持这种方法，因为他们觉得这项工作让自己在学校中一切事情都变得更有意思，同时觉得自己有了更多的机会获得成功。没有人觉得那是一种负担，因为通过顾问会议他们可以在半小时内解决困扰他们多年的问题。学校所有老师的合作精神提高了，经过很短的一段时间后，严重的问题很少再发生，只有一些微小的错误需要加以处理。教师本人也具备了心理学家的知识能力。他们已经学会要了解人格个性的统一性，及其各方面表现的一贯性。如果在日常教学过程中突然发生了什么问题，他们都能够及时解决它。事实上，我们也希望如此：如果教师们都接受了心理学的培训，心理学家在学校教育中也就不再被需要！

因此，如果某位老师班上有一个懒惰的孩子，这位老师就该为孩子们举办一个以懒惰为主题的讨论会。他可以让孩子们讨论下面的题目：“懒惰是怎么产生的？”“为什么有些人会懒？”“一个懒孩子为什么改不了？”“为什么懒必须被改变？”孩子们讨论这些问题后，会得出一个共同结论。而那个懒惰的孩子也肯定猜不到自己就是这次讨论会的对象，但是懒惰这一问题却是他一直关注的问题，所以，他会对讨论很感兴趣，并从中学到许多。相反，如果老师直接批评和指责他懒惰，他必定会毫无收获。但是讨论会中，假如他能虚心聆听，仔细思考，那么他就会改变自己的想法。

老师和孩子们一起生活、学习、娱乐，没有人能比他们更加清楚地了解孩子们的心灵。他见过孩子们的多个方面，如果他有足够好的教育技巧，他便能和他们中间的每一人建立良好的关系。家庭生活给孩子所造成的错误是会被持续下去，还是会被纠正过来，教师具有完全的操控能力。像母亲一样，教师是人类未来的保证，他对社会有着无法估量的贡献。

第八章　青春期

何谓青春期

几乎所有讨论青春期的书籍，都把青春期视作影响个人性格变化的危险时期。的确，青春期是个危险众多的时期，但是它并不能真正改变人格，而只是将一个正在成长的孩子引入新的情境，让他接受新的考验。这个时期的孩子会觉得自己处于生活前线，那些潜伏许久的错误，开始在他的生活方式中显现。处世经验丰富的人可以洞察到这些错误，并感到这些错误已经明显得不容忽视。

心理特征

对所有孩子来说，证明自己不再是个孩子是青春期中最重要的事情。如果我们有办法让他们相信，他们当然不再是个孩子，那么我们便能消除这个情境中大部分的紧张气氛。如果孩子认为非要证明不可，那他们自然会对自己的立场进行过分强调。表现欲，如独立性、和成人平等、男子气概或女人作风等等，是孩子在青春期期间许多种行为的根源。孩子对“成长”意义的看法决定了这些表现的方向。比如认为“成长”意味着不受控制的孩子，会对拘束表示反抗，他们抽烟，骂脏话，夜不归宿，或者出人意料地反抗他们的父母。这些行为让父母们大惑不解，因为他们的孩子此前一向听话。可能这个听话的孩子对父母一向反感，只不过到了青春期——在他们拥有了更多的自由和力量时，他们终于有勇气表现他的敌意。大部分青春期的孩子与以往相比，都获得了较多的自由与独立。父母们也认为监护他们不再是自己的权利。如果父母试图将监督继续，那么孩子一定会设法脱离双亲对他的控制。双亲愈想证明他们还是个孩子，他们愈是违背父母的意愿。于是一种反抗的态度便在这样的斗争中产生，结果，就形成了典型的“叛逆”个案。

生理特征

青春期的界限在哪里？答案很模糊。它的年龄界限通常在14岁到20岁间，可是有的孩子早在十一二岁时便进入青春期。孩子的身体各部分器官会在青春期加速发展，有时它们的功能无法顺利协调。孩子们长高、长大，但可能不太灵活。器官的协调还需要训练，如果孩子在此过程中遭到讥笑或批评，他们就会认为自己很笨拙，一旦他的动作被别人讥笑，他会更加笨拙。内分泌腺对儿童发展的影响表现在促进其功能，但这并不是一种从无到有的全然改变。人在出生之时内分泌腺就已经开始起作用，只是到了现在，它们的分泌增多，因此孩子的第二性征也更为明显——男孩长出了胡子，声音变得粗哑；女孩变得丰满、柔媚，但是这些正常的事情却常常让青年人感到惶惑。

青春期的挣扎

如果孩子还没有准备好过成年人的生活，那么当职业、社交、爱情婚姻等各种问题一起迫近时，他会异常害怕。关于事业，他会因为找不到足够吸引自己的工作，而认定自己一事无成。关于爱情和婚姻，他总是对异性忸忸怩怩，遇见时慌乱无措，说话时脸红心跳，无言以对。他会一天天绝望下去，最后对生活厌烦，也没有人可以再了解他。他不关心别人，不与人交流，不工作，不读书，终日幻想，或进行一些粗鄙的性活动。这就是“早发性痴呆”的精神错乱。但是，这其实只是一个错误而已。如果能证明这条途径的错误性，给这种儿童指点迷津，他便能豁然开朗，自我治愈。当然，这个工作并不简单，因为要纠正的是他的整个生活以及过去生活的全部错误。我们不能只凭个人臆想妄加推测，过去现在以及未来的意义都必须以科学的眼光重新检讨。对生活的三大问题缺乏适当的准备和训练造成了青春期的所有危险。孩子们畏惧将来，他自然会以一种最省力却最无用的方式来应对。你越是命令、告诫、批评孩子，就只会越加强他们的彷徨和不知所措；你越想让他们前进，他们反而越向后退。如果我们不鼓励他们，我们的帮助措施就不会见效，甚至会更伤害到他们。因为他们悲观和胆小，所以对他们来说，自我激励与奋发几乎是不可能的事情。

尽管有些孩子在青春期会希望自己永远不要长大——用儿语说话，学婴儿的行为举止等，但大多数人还是会尽其所能地让自己看起来像个成年人。也许他们实际上勇气不足，但仍然要学大人的姿态与行为方式。他们满不在乎地花钱，调戏异性并做爱。有些孩子是因为在看清生活的道路之前便迫不及待地胡作非为，而走上了犯罪道路，特别是当某些少年因为其犯罪行为未被发现而认为可以隐瞒世人时，最容易发生这种情况。面对生活问题，尤其是经济问题时，犯罪是最简捷的方法之一。这就是为什么 14 岁至 20 岁的少年犯罪率会快速地增加。这其实并不是一种新情况，而是在儿童时期就已经存在着的，只不过是被较大的社会和家庭压力激发出来了。

对一个活动程度较小的人来说，精神病是逃避生活问题的简捷方式。很多孩子会在这些年龄段患上精神症和精神失常。所有精神病都是一种在保持个人优越感的前提下，拒绝生活的借口。当一个人不打算以公认的社会准则来解决他所面临的社会性问题时，便会出现精神病症。这种情况令人高度紧张。青春期身体的情况敏感地感受到了这种紧张，于是所有的器官都会被它激发，所有神经系统也受到了影响。因此，犹疑和失败也可以以器官的不舒适为借口。在这种情况下，个人不管是在私下还是在人前，都会以病痛为借口，拒绝承担一切责任，这样便构成了精神病。所有精神病患者的意愿都十分诚挚，他们对社会感觉以及应付生活问题的要求十分了解。他们让自己陷于精神病症中，以逃避这种要求。他们之所以能放下重担，只是因为精神病本身。他们借着自己的病痛来逃避问题，这就是精神病患者与罪犯的区别。后者的社会感觉已然麻木，在表现其不良意愿时，也总是毫无顾忌。精神病患者与罪犯二者到底谁对人类利益的损害更大？这一点我们无法判定，因为对精神病患者来说，其动机虽善良，但其行为自私，并且有意妨害别人；而罪犯虽然不掩饰他们的敌意，但要拼命地对他们剩下的社会感觉进行压抑。

小时候被宠坏的孩子往往会经历青春期失败，由此可见，成年人的责任对于习惯了“衣来伸手，饭来张口”的孩子来说，是一种特殊的重担。他们希望继续得到他人的宠爱，可是他们发现，随着年龄的增长，人们的注意力从他们身上移开了。于是这些长在人造温暖气氛中的孩子们突然感受到外界的刺骨寒冷，并因此责怪生活欺骗了他们，导致了他们的失败。我们会发现这样的孩子在成长的途中开倒车，他们最初的失败会发生在读书与工作上，他们会被以往那些似乎天资不如他们的儿童超越。那些儿童此刻所表现出的能力，是出人意料的能力。这种情况并不矛盾，因为那些一直受人重视的孩子现在会担心让别人失望，如果他们能够继续受到帮助和赞赏，他们便有勇气继续向前，但一旦客观条件让他们不得不独立奋斗时，他们便丧失了全部勇气而退后；其他人则会因这种新的自由而备受鼓舞，他们有清晰的奋斗目标，充满了新的希望与激情，他们的兴趣也变得鲜明而热烈，独立对他们来说是成功与奉献的机会，他们都是勇敢的孩子。对他们而言，困难和失败的危险并不是独立的意义，而是更广泛的收获胜利和为人类做贡献的机会。

从前总是觉得不被重视的孩子，现在可能因为接触的人开始变多，而希望能够被人欣赏，其中有些人对于争取别人的赞赏异常热衷。一个只想寻求别人夸奖的男孩，其处境十分危险；而对女孩而言，由于她们通常都缺少自信，因此她们会认为除了获得别人的欣赏，没有什么可以证明自己的价值。这种女孩子很容易被男人欺骗。我发现，有些觉得不被家人欣赏的女孩子为了证明她们已经长大了，便开始和男人发生性关系。她们之所以如此，是因为她们希望通过这种方法来获得他人的欣赏和注意。

举个真实的例子。有一个15岁的女孩子，出身贫寒，她有个哥哥，自幼就体弱多病。因此，她的母亲不得不对哥哥格外照顾，当女儿出生时，妈妈疏忽了对女儿的照顾。不仅如此，在她的幼年时代，她的父亲也卧病在床，妈妈就更没有时间来照料她了。

因此，这个女孩在家里一直没有得到足够的照顾，她一直盼望能得到更多的关注，并努力寻找这种感觉。但是她的父亲病痊愈后，母亲却又生了一个妹妹，母亲又将全副身心转移到妹妹身上。结果，这个女孩感到自己从来没有得到足够的呵护、照顾和温情。为了得到关注，她非常勤奋，不管是在家里还是在学校，她都是好孩子，成绩优秀。由于她学习成绩优异，父母一直鼓励她继续学业，想尽办法将她送进了一所重点高中。起初，她不能适应这所学校的教学方式，成绩开始下滑，跟不上班里的进度。老师因此批评了她几句，她也因此变得万念俱灰，失去了信心。她急着得到别人的赞赏，但是家里、学校没有人能够理解她，欣赏并鼓励她，她变得不知所措。

她环顾四周，希望找到一个能帮助她的人。后来，她找到了一个男人。相处几次之后，她就和这个男人搬出去同居了，他们一起生活了 14 天。在这期间，她的家人焦虑万分，疯了一样到处找她。后来发生的事也让我们始料未及。她发现自己仍然不可能得到别人的认可。最终她有了自杀的念头。她给家里寄送了一封遗书："不要担心我，我已经吃了毒药，没有任何痛苦，现在我很快乐。"事实上，她根本没有服毒自杀，她只是单纯地希望赢得家人的关注。因为她知道，父母对她还是很慈爱的，她认为自己还是有希望博得家人的同情的。因此，她并没有真的自杀，只是等待着父母找到她，并接她回家。如果这个女孩一开始就意识到她的所有行为仅仅是为赢取他人的赞赏，那她就不必做这么荒唐的事情了。如果高中老师能提早指导一个很敏感的孩子，对她耐心一些，多了解她的心理，多表扬和鼓励她，那么她的成绩便会有所改善，不至于造成之后那么严重的后果了。

在另一个案例当中，一个女孩子出生在一个父母性格都很软弱的家庭。她的母亲一直期待着有个男孩能够降临，而对她的出生感到无比失望。母亲重男轻女的思想，使得自己一直很瞧不起女孩，这个女孩也深受其害。她时常会听到妈妈对爸爸说："这个女孩没有一点能讨人喜欢的地方，长大后一定也没有人会喜欢她。"她妈妈还会说："孩子长大了，以后我们能拿她怎么办呢？"在这种压抑的环境中生活十多年后，她不经意地发现了母亲的朋友写给母亲的一封信，信中安慰她母亲说："你还年轻，总有机会要男孩子的。"

我们可以想象这个女孩看到信后无比沮丧的心情。几个月以后，一个偶然的机会，她去乡下的一位叔叔那里拜访。她遇见了一个智力低下的乡下男孩，他们很快发展成了男女朋友。之后，男孩却甩掉了她，但她对男孩依旧一往情深。在这之后，她拥有了一大群男朋友，但谁也不是她最称心如意的人。她来找我是因为自己患上了焦虑性神经症，不敢一个人单独出门。当她想获取别人赞赏的愿望得不到满足时，她就会用自暴自弃的方法吸引别人的注意。她因为女孩的性别身份而被家人忽略，就用自己的病痛去博取家人的担心。她常常哭闹，还以自杀威胁家人，闹得家里鸡犬不宁，使家人都对她束手无策。我很难让这个女孩认清自己的处境，她也无法认识自己的青春期让自己无法脱离被"一直被忽视"的魔咒。

青春期的性意识萌芽

青春期的男孩、女孩总是非常关注两性关系，并会人肆渲染。他们希望以此证明自己已经长大成人，结果却总是矫枉过正。比如当一个女孩子和母亲产生了争执，她就偏执地认为这是母亲的压迫让自己无法忍受而进行的反抗，而她反抗的方式有可能是随便找一个男人并与之发生关系。她不在乎母亲知道这件事之后的心情，假如能让母亲知道并为她担心的话，她就会更加高兴。因此，我经常会发现有些女孩和父母争吵后，从家里跑出来撒气，随意和她遇到的第一个男人上床发生性关系。而让人惊讶的是，发生这种情况的是那些一直被当成乖乖女的女孩们。我们会发现这些女孩原来的教养很好，我们也能理解问题真的不在于她们，她们只是觉得自己不受家人的重视，地位低下，想要通过这种方式来获得家人对她们的重视，从而获得在家里的优越地位。

很多被娇惯的女孩子发现自己很难适应女性的角色。传统文化中，有一种根深蒂固的想法，即大家认为男性的地位比女性更优越。因此，这些女孩不喜欢自己的女性地位，而表现出一种所谓的“男性倾向”。这种倾向有很多不同的表现形式，有时候我们发现她们虽然喜欢男性，但表现得羞涩不安，从而选择躲避或讨厌男性，她们不敢主动接近男性，拒绝参加男生出现的各种聚会，面临性的问题时，她们也会感到局促紧张。当她们逐渐长大，面临谈婚论嫁时，虽然她们嘴上可能会说自己希望找到男朋友结婚，可是她们从来不主动去接近异性，也不和他们交朋友。

我们会发现，青春期的女孩会用一种非常叛逆的方式表达对女性角色的反感。女孩子常常模仿男孩子，并模仿着做一些类似男孩们的恶性劣迹，例如抽烟、喝酒、骂人、打架、拉帮结伙、成群结党、放肆滥交、放纵自我等。

她们经常对自己的行为解读为：如果不这样做，就不能引起男孩子们的兴趣和好感。她们甚至认为如果这些行为还不足以表达她们对女性角色的反感，她们很可能会发展成为同性恋或者成为卖淫者等。我们发现几乎所有的妓女都会抱怨自己不幸的童年，她们觉得从小就没有人喜欢她们，没有人关爱她们，她们永远无法赢得男人的真情和兴趣。我们很容易理解，这些女性在这种环境下，很难做到自我救赎，她们随波逐流，做不到对自己的身体和行为负责任。并不是只有青春期才会有这种情况，有些孩子在童年时期就已经形成了这种思想，她们不愿接受自己是女孩子的现实，只是因为年龄小她们没有表现这种厌恶的需要和机会罢了。

并不是只有女孩子才会对男性有崇拜感，所有将男性地位过分高估的孩子都会把成为男子汉作为自己的一个目标，并会常常怀疑是否足够强壮得能实现自己的理想目标。在我们的文化中，对男性化的强调也会让男孩子面临和女孩同样的困扰，尤其是他们对自己的性别角色定位产生疑惑时，他们会疑惑自己是否能够成功地成长为一个合格的成熟男人。因此，有一点很重要，我们需要在孩子 2 岁的时候，清楚地让孩子知道他自己的性别，让他了解男孩和女孩的一些区别。有时候，长相有些像女孩子的小男孩，也会有一段存在困扰甚至感觉痛苦的时光。有时陌生人会把他错看成是女孩子，而家人或朋友也有可能对他说：“你如果是个女孩子，一定可以迷倒所有人。”而这样的男孩很可能会认为自己的外表是一大缺陷，并认为爱情和婚姻有可能会受到这种问题的考验和影响。这种对性别角色不确定，没信心的男孩子，在青春期可能会模仿女孩子的举止，而为了让自己看起来更像是一个女孩子，他们有可能会像一些被宠坏的女孩子一样搔首弄姿、装腔作势、乱发脾气等。

我们对异性的态度一般是在幼儿四五岁的时候就形成的，这是最初的生活体验式性别差异形成的基础。性的驱动力在襁褓中就已经开始萌芽，但是在没有能做出适当的表现，能让它释放时，我们不用去激发它。假如没有受到过度地刺激，他们的表现就会是自然而然的，所以我们不必大惊小怪。比如，婴儿在1岁时可能会观察和抚摸自己的身体，有区域的性激动倾向，这时我们不用担心，只要我们用自己的影响力，与他合作，转移他的注意力，让他从对自己身体的兴趣，更多地转移到周围的环境中去，这种情况便会得到改善。如果孩子自慰的行为时常发生，那就要考虑又是另一种情况了。我们能够断定这个孩子有其他的用意，可能这种行为并不是由于性驱力产生的，而是孩子想利用这种行为来获得父母的关注，来达成自己的某种期望或目的。通常，这类孩子的目标是吸引别人的注意力，他们能够感到父母的惊讶和恐惧，他们知道如何捉弄父母。但是当父母不再对此有任何反应时，他们自然就会放弃这种行为了。

我曾经强调过不要对孩子给予身体的刺激。虽然身体接触是表达疼爱的方式，但是父母们如果总是搂抱或者亲吻孩子，有可能会引起孩子不正常的反应。因此，在抚摸孩子的身体时，一定要多加小心，避免碰到孩子的敏感部位，避免造成孩子们心理上的误解和刺激。另外有些成人在回忆自己的童年时，经常会提到他们曾经在父亲的书房中看到过某些春宫图画或者观看过某些色情视频，造成了性欲刺激。因此，父母必须防止孩子看到类似的图片或影片。

另外还有一种不当形式的刺激，就是我们在前面提到的许多人乐于给孩子们灌输不合时宜的或不必要的性知识。他们生怕孩子长大后对这方面茫然无知，而以一种狂热的态度散播性知识。我们回顾自己的过去或者研讨别人的成长过程，不难发现，这种事情是极少发生的。因此，最好的方式就是等孩子长大，当他们真正想知道这些事情的时候再告诉他们。即使孩子没有主动开头询问，但细心的父母也会发现孩子的好奇心。如果亲子关系非常紧密，孩子把父母当成朋友，他们会主动提出自己的疑惑，父母这时可以耐心地给他们解释，让他们能清楚性是什么。

为人父母还需要注意不要在孩子面前表现得过度亲密。有条件的话，父母尽量与孩子分房睡。尽量让孩子和哥哥、姐姐睡在不同的房间。父母要时刻密切关注孩子的成长，如果父母对自己的孩子不甚了解，就会导致自己不知道从何入手去教育和影响孩子。

正视青春期

把青春期当作是一段特别奇异的人生阶段，几乎成为世界性的一种迷信。一般而言，人类发展的各个阶段都会被某个人夸大赋予自己私人的意义，并且很多重要时刻被定义为决定性的转折点。大部分人对于更年期的态度也是如此。然而，我们知道，这些阶段只是连续生命中的延续阶段，并不是也没有什么剧烈地变化，这些阶段出现的各种现象也没有什么特别重要的意义。重要的是一个人想在自己生命的这些阶段期待发生什么，以何种心态面对生活，以何种方法处理生活中的事情。青春期开始的时候，人们通常会如临大敌，焦虑不安，仿佛他们可能会碰到妖魔鬼怪一样。如果我们能正确理解青春期的心理，我们可以清楚地知道，其实孩子们能够接受青春期生理的变化。存在的问题只是他们能否适应社会环境要求他们在生活方式上需要做出的新调整。但是，有些青年往往会轻信青春期是一切美好的终结，他们所有的价值和尊严都将在这个时期内丧失殆尽。他们已经无权育人、合作，并奉献自己的力量，因为没有人再需要他们了。青春期的一切困难都是从这些类似感觉和担忧发展出来的。

如果这个孩子已经学会将自己视为是社会中平等的一分子，了解到自己应该为大众做出奉献的责任，尤其是他能够学会将异性作为他平等的伙伴，那么，青春期给每个人的机会只有一次，就让他开始独立并且具有创造性地为解决成人生活的各种问题设计答案。倘若他对环境持一种错误认识，并且认为自己解决问题的能力不如别人，他就会表现得好像还没准备好去面对青春期的自由。假如他总是被其他人强迫着做自己应该做的事，他可以完成。但如果让他自己独立完成，他便会踌躇、不知所措，最终一事无成。这种孩子在他人的奴役之下会适应良好，但一到了自由的环境之中，他便不知何去何从了。

第九章　犯罪及其预防

罪犯的心理

通过个体心理学，我们可以认清各种不同类型的人群，它让我们明白尽管存在着某种差异，但是，人类彼此之间的差异并不是特别明显。譬如，罪犯和问题儿童、神经病患者、精神病患者、自杀者、酗酒者、性欲倒错者等人所表现出的失败，基本上都属于同一类型。他们都在处理生活问题时遭遇了挫折失败，特别是在人们非常关注，而且明显的某些领域，他们几乎一败涂地。他们中的每个人对社会都缺乏兴趣，他们不关心自己身边的亲人和朋友。然而，即使如此，我们仍然不能认为他们和别人迥然不同，而区别对待他们。没有谁可以做到完全乐于合作或具有完美的社会责任感。所以，罪犯区别于普通人的只是错误的程度更深而已。

还有另一点对于了解罪犯非常重要。罪犯也会努力克服困难，努力克服困难这点让他们又和其他人没有区别。所有人都希望克服困难。大家都一直努力想要实现一个未来的目标，一旦我们实现了预期目标，我们便会觉得自己无比强大、优越和完美。杜威（Dewey）教授称这种倾向为对安全的追求，非常准确的概念含义。当然它还有另一种定义是自我保全（self-preservation）方法。但是，不管它的定义是哪个，所有人都有一种动力去为地位的提升而奋斗和努力。无论是从失败走向成功，还是从卑微走向权贵，我们都可以发现人类的身上存在着一种向上的力量。而它是从婴儿一出生便开始萌芽，一直伴随我们走到生命的尽头。因此，我们不必惊讶，罪犯也有这种追求的力量。我们能从罪犯的各种活动和态度中，看到他们努力成为社会精英或者行业领袖的付出，他们和普通人解决问题、克服困难的不同之处在于，他们不是追求形式，而是追求方向。究其原因，我们发现他们的错误在于不了解社会生活的要求，不关心身边人的需要。

但社会上很多人并不这么认为。有些人认为罪犯和普通人是天生不一样的。例如，有些科学家断言所有罪犯只能都是比较低下的群体，还有些人认为与基因遗传有直接关系，他们都将犯罪的人归因于天生注定。另一种观点是环境导致犯罪，当环境不能改变时，犯罪问题将无法解决。假如我们被这些观点控制，那么我们将无法解决任何犯罪问题，就会无奈地说“这是遗传的，没有任何解决办法”。现在我们有足够的证据反驳这些观点，而且可以通过努力在有生之年消除犯罪这种人间的悲剧。在人类历史的进程中，犯罪都被看作是悲剧。现在我们必须勇于采取措施来防止犯罪，而不能对它视而不见，不咸不淡地说一句：“这都是遗传导致的，谁也没有办法。”

环境与遗传或是别的什么因素都不具有决定性。来自同一个家庭或在同一种环境下长大的孩子们，每个人都有自己的人生道路，他们发展的方向是不同的。犯罪的人有可能来自家教良好的家庭，也有可能出自有犯罪前科的家庭。坐过牢的父母养育的孩子也有可能会成长为优秀的人才。许多犯罪心理学家也无法解释，有些罪犯经常长到 30 岁后，才痛改前非，不再作恶。如果我们用前面提到的犯罪是先天缺陷或者环境影响造成的，是无法解释这一现象的。我的研究表明：或许，偷盗者的人生态度改变了，或者是导致原来犯罪的心理需求得到了满足，生活处境得到了改善不再需要通过偷盗满足自己的心理或者生活需要，又或者是他们的年龄大了，身体状况不再适合从事原来的犯罪行为。

澄清犯罪分子都是精神亢奋的疯子这种认识，是我们对犯罪行为进行下一步研究的前提，许多不具有完全刑事行为责任的精神病患者虽然也会犯罪，但他们的犯罪和普通人的犯罪完全不同。我们认为，他们不应该对自己的犯罪行为负责，因为他们犯罪时，完全不了解自己的行为原因与可能造成的后果。心智低能的犯罪分子经常被作为一件可利用的工具，我们不把这类罪犯作为研究对象，我们将背后主谋视为真正的罪犯。犯罪团伙的主谋为了找到牺牲品去执行犯罪计划时，通常会描绘美好的远景，用承诺的愿望激起心智低能者的幻想和野心，他们会做好犯罪计划，并在幕后操控。很多懂得逃避法律惩罚的惯犯就是这样哄骗年轻人犯罪的。

我们来回顾一下前面提到的自我保全方法，无论是犯罪分子还是守法公民都在遵循着这个规律追求胜利，在追求稳固的地位。不同的人有不同的追求，我们发现，罪犯的目标总是在追求个人自私的优越感，他们不与人合作，追求的目标对别人来说没有一点贡献。社会生活需要承担不同角色的成员，大家彼此需要，每个人都要有合作能力。但是犯罪行为最显著的特点却是不对社会产生任何价值，甚至是伤害他人。我们要澄清，如果我们要弄清一个罪犯的想法，就需要重点对他们在合作中失败的程度和本质进行查证。罪犯之间的合作能力各不相同，他们之中有的合作能力较强，有的合作能力则较弱。例如，有些人仅限于小偷小摸，有些人则非大案不做，有些人是主谋，有些人则只做从犯。为了探讨犯罪的种种不同，我们必须更进一步地了解他们个人的生活方式。

在人生最早的四五年，我们的生活模式就已经有了主要的模式框架，早年的生活经历让我们很难改变自己的生活模式。只有自己被所犯的错误触动时，才可能会努力改变过来。因此，我们可以理解罪犯为什么在受到无数次惩罚，被轻视甚至无情侮辱，被剥夺了生活的自由和各种权利后，仍然屡教不改，一再地犯同样的错误。导致他们犯罪的，并不是生活中物质的匮乏。当然，在生活负担加重，经济萎靡时，案件发生概率会直线上升。一项统计结果表明，犯罪率的提升与物价上涨水平成正比关系。但是，我们不能因此断定经济状况的变化会导致犯罪的增减，只能说当经济状况恶劣时人们的生活会受到影响。比如人们生活窘迫，就无法为社会发展提供贡献。人们遇到的困难越来越多，就会走上犯罪的道路。总结各种经验我们可以发现：容易犯罪的人最大的问题所在是他的生活方式，也就是应付问题的方法。

从个体心理学研究成果中，我们很容易可以得出一个简单的结论：罪犯不关心他人的利益，他们的合作能力有限，超过自身合作能力的问题，他们无法解决这个限度时，便开始跳出正常的生活轨迹。而问题的困难程度让他们崩溃时，他们便会寻求犯罪的解决途径。如果研究社会中每个人的生活情况，甚至是犯罪分子的生活情况时，我们就会发现，在人的一生当中，除了社会问题便没有其他问题了。而这些问题只有我们考虑到别人的利益时，才能够解决。

通过个体心理学我们可以把生活中的问题分为三类。第一类是人际关系的问题，也就是友谊问题。犯罪分子大多是同一类人，他们也会有自己的朋友，但基本上是同流合污，结党营私，他们彼此也能推心置腹。但是，也正是因为这些朋友限制了他们的交往范围，从而使他们不会和其他人进行正常的社会交往。

第二类是和职业发展有关的问题。很多罪犯认为工作太过劳累辛苦，他们不愿意和其他人一样在工作中努力奋斗，克服困难。很多有意义的工作都需要与他人合作，但这又是犯罪分子人格中的缺陷，因此，罪犯不会也不能做好工作的准备，在遇到工作中的问题时，只会奋起努力，大多数的罪犯都是不学无术或没有一技之长的人。回顾他们的成长历程，我们发现，这些人在学生时代，甚至是在入校之前，就存在学习困难的问题。他们没有学过合作之道，但工作中要解决问题，就必须与人合作，但罪犯偏偏无缘此道。所以我们不必责怪罪犯在工作中的失败，这个就和没有学习过地理的学生考试交白卷一样。

第三类问题是感情问题。它包括了所有的爱情问题。在美好的爱情生活中，配合对方的兴趣和合作必不可少。有一个值得注意的现象是：多数罪犯在被送进监狱或感化院之前就已经感染了性病。这能说明一个问题，那就是爱情对于他们来说只是解决生理需求。他们当中很多人把异性视为自己的一种财产，他们认为爱情可以通过金钱获得。很多罪犯说“如果不能随心所欲地拥有自己想要的东西，生活将没有意义”。

基于这些，我们知道应该从哪里找到突破口去防止人们犯罪了。仅仅把他们关进监狱，鞭打他们不会有太大的改观。因为他们被释放后，很可能会再次危害社会。现在，我们无法将罪犯完全隔离于社会之外，那么我们就要想一下：“既然他们还不适合正常的社会生活，我们如何对待他们？”罪犯的所有问题都是来自不愿与人合作，而且严重的是，所有生活问题都不能不与人合作。我们每天的生活都离不开与他人合作，我们倾听、观看、交谈的方式表现出了我们的合作能力。而罪犯的问题，我们总结为他们看、听、说的方式都和别人不同。语言的差异妨碍了他们智力的发展。我们希望别人理解我们每句话的意思。语言在社会中有一种共同的理解，大家对一句话的理解应该是一样的。但是犯罪分子却有不一样的解释，我们可以从他们对自己所犯的罪行的解释中看出，他们既不愚笨，心智也不低下，但是他们只遵从自己的逻辑和智慧。如果按照他们错误的非人的优越感目标来推理，他们的结论大多是对的。他们当中某个人会说：“如果我发现有人穿着很棒的裤子，但是我没有，我就要弄死他。”如果我们认为他的欲求是重要的，那么当没有人监督和控制他以正当的方式获取他想要的东西时，他的想法便是正确的。但是很明确这是完全背离常理的。在匈牙利曾经发生过一宗刑事案件，几个妇女用毒药制造了许多谋杀案。其中一个母亲在进监狱时说：“我儿子是个游手好闲的混混，他病得奄奄一息，没有办法我只得把他毒死。”她很清楚自己在做什么，但是她的想法和行为常人难以接受。我们看到如果一个人对世界持一种错误的想法，认为世界充满敌意，他们对自己存在的意义和别人的重要性就没有了正确的认识。

但最主要的不是他们缺乏合作精神。罪犯大多都比较怯懦，当他们面对自己无法解决的问题时，会选择逃避的方式。他们的懦弱表现在他们面对生活的方式，还有所犯的罪行中。他们追求自己幻想的理想目标，错误地以英雄自称，但是他们的表现其实是一种软弱。他们在黑暗和僻静的地方隐藏着，吓唬过往的行人，在对方采取防卫措施之前先亮出武器，用懦夫的方式模仿英雄的表现。罪犯认为自己很勇敢，还会觉得骄傲。但是我们不会被愚弄，而且绝不认可他们错误的人生态度和缺乏常识的表现。假如他们知道我们认为他们是懦夫，很可能会愤然，因为他们与警察斡旋时，虚荣心倍增。他们常常想："我是绝对不会被警察抓到的。"确实，很多罪犯在被逮捕后接受审讯时，都会被发现曾经犯过许多罪但未被发现。这是非常让人感到遗憾的。当他们东窗事发时，就会想："这次我实在太失策了，下次一定要多加小心才行。"当他们逃脱了抓捕，他们会觉得自己非常厉害，并觉得自己了不起，会扬扬得意地到同伴那里炫耀。

所以在家庭、学校及监狱的教育工作中，我们必须做到改变犯罪分子对其勇气和机智的评断方法。后面我们会讨论问题的关键要素。现在我们需要研究一下引起他们错误想法的环境，有时候父母必须承担这个错误的主要责任。很多情况下是母亲培养孩子的技巧不够，她不能让孩子很好地和自己合作，又或许是母亲寻求不到合适的帮助，而自怨自艾使自己不能和孩子很好地合作。而这种情况经常发生在家庭婚姻不愉快或是父母感情破裂的家庭当中。这时候，母亲很可能不想让孩子和他的父亲及和孩子父亲相关的其他人建立联系。母亲只想和孩子建立联系，对他非常溺爱，最终造成孩子缺乏合作能力。此外，如果一个孩子是家庭的中心，备受宠爱，但到他三四岁的时候，另一个孩子的出生让他在家庭中失去了小皇帝的地位，这有可能给孩子带来很多负面影响，使得孩子不再愿意与其他人合作。通过仔细分析孩子成长的过程，我们会发现问题孩子的麻烦是在他早年家庭生活中开始的，造成问题的不是环境本身，而是孩子对家庭地位变化的误解，并且这种误解没有人去纠正。

如果一个孩子因为天赋高、聪明懂事得到父母更多的关注和喜爱，其他孩子很可能会远离他。那些被别人光芒掩盖，不能展现个人才华的孩子身上，会有种压抑的人格发展，他们中间可能会出现神经症患者、罪犯或者自杀者。缺乏合作精神的孩子，从一开始上学就显得很孤立，独来独往，无法和其他孩子交朋友，不喜欢老师；上课时漫不经心，不能集中精神听讲。如果老师不清楚他的问题，可能不会给他特殊的关照，教导和鼓励他，而是会批评他。受尽冷嘲热讽的孩子，丧失了对别人的兴趣，自然会排斥学校生活。他的目标也会变得模糊，最终转到了错误的航向。

贫穷也是让人容易产生错误想法的因素。出身贫寒的孩子常遭到他人的歧视。家庭经济困难，衣不蔽体，食不果腹，维持生计艰难，孩子从小就要赚钱补贴家用。长大以后，再看到富裕的家庭生活奢侈，能够随心所欲地购买商品，享受的权利比自己多，由此导致的心理差距可能会带来愤怒。他会质疑别人为何能享有这么多的财富。因此，在贫富悬殊的城市，犯罪率居高不下。嫉妒不会给人带来价值，只能让人心理阴暗。这种心理会让孩子对有钱人的生活产生误解，认为优越感来自对金钱的不劳而获。

我发现，自卑很大程度上来自身体的缺陷。在这一点上，神经学和精神病学中的遗传理论也做出了相关的论述。但是，自卑感的产生不是身体缺陷自身，而是我们的教育方法造成了错误的引导。这一点我在最初研究身体带来的自卑感和其心灵上的补偿作用时就已经意识到了。我们要尽可能地对身体存在缺陷的孩子进行正确的教育引导，给予他们正常人的关爱，使他们懂得关心他人。如果我们做不到这一点，他们可能会变得自私而封闭。当然，除了身体缺陷还有很多内分泌失调造成的身心健康问题，但至今而言，还不能明确内分泌腺的具体作用是怎样的。因此，我们需要撇开这些身体因素，来把孩子们培养成具有合作精神的人。

孤儿是犯罪分子中重要的群体。社会中没有任何人和组织机构去教会他们如何合作。他们不知道如何去关心他人。同样，一直缺乏家人关爱的私生子也是一样没有关心他人的能力和意识。很多被遗弃的孩子也是因为得不到想要的父爱、母爱和社会的关心，最终走上了犯罪道路。我们通常认为犯罪分子大多数长相狰狞，那些主张犯罪遗传论的专家认为这些都是证据和支撑。但是，我们需要设身处地考虑那些相貌丑陋的人的感受。他们也许是不同种族的混血儿，天生就没有吸引人的外貌。极其不幸的是，他们常常遭到歧视。他们从宝贵的童年开始一生都可能在忍受着痛苦。假如我们知道怎样正确地教育这些孩子包容他人，融入社会，他们就有可能成为优秀的人才。

此外，我们还会吃惊地发现罪犯当中还有一些相貌英俊潇洒的男孩或男人。如果说相貌丑陋或者有身体残疾的罪犯是遗传基因造成的悲剧，那么我们怎样解释这些相貌较好的罪犯呢？实际上，他们是在家里被宠坏了，没有人培养他们与人合作的意识，他们对社会缺乏责任感。

罪犯的类型

我们可以将罪犯分为两类，其中一种人知道世界上有可贵的友谊之情，但是他们从未得到也不曾体验。这种罪犯之所以对别人充满了敌意，是因为没有人愿意接近和欣赏他们。另外一类是在宠溺中长大的孩子。我们经常会听到他们的抱怨中充满了对母亲的怨恨，他们最常说的一句话就是：“我今天这样，都是因为我妈惯坏了我。”我们应该重点、详细地讨论这个问题，但在这里我提到它，只是为了强调：尽管父母都想把孩子教育好，但是他们不知道从何入手，无论最终教育和训练的方式是怎样的，罪犯从小就没有学会合作的方式和方法。如果父母总是很严肃，板着脸，事事都苛刻，孩子一定没有任何成功的机会。但是，父母如果骄纵孩子，把孩子放在舞台的中央，他们就会因为这种存在感而觉得自己无比重要，就不会通过自己努力的创造和付出去博取他人的赞扬。孩子很可能失去努力和奋斗的目标。当他们期待着别人注意自己，期待着理想实现，但又找不到实现的方法和途径时，他们就会责怪别的事或者别的人办事不公平。

下面我们通过几个案例，来论证我的这种观点。当然，这几个个案的内容不是因为这一观点而编造的。第一个案例来自卢克夫妇共同编著的《五百种犯罪生涯》，其中有一个名叫“棘手约翰”的男孩回顾自己的犯罪历程，他说：“我不曾料想自己会变成这个模样，十五六岁之前，我是一个好孩子。我运动细胞发达，喜欢到图书馆看书，生活井然有序。但是那时，父母强迫我退学，要求我去工作。而工作获得的工资，只给我 50 美分的零用钱，其他的都被父母拿走填补家用。”

他控诉了自己的父母，如果我们能清楚地了解他的家庭经济状况，可能会分析出他真正的犯罪原因。但是现在，我们只能从他的话语中知道，他认为父母剥夺了他学习生活的权利，与父母的关系非常紧张。之后他又说：“工作一年左右，我有了一个女朋友，她是一个很贪玩的女孩。”

我们知道，把感情寄托在一个喜欢自己的女孩身上是很多罪犯感情的寄托。而让约翰感到麻烦的是，女朋友很贪图物质享受，而他每周只有 50 美分的零花钱，这对他的合作能力是巨大的挑战。大家都知道金钱不是维持爱情的唯一因素，而且大家必须清楚地认识到好女孩很多。换作是我，我会明确地告诉他：“这个女孩不是你理想的女朋友，她是一个贪图享乐的物质女孩。”但很遗憾，每个人的想法是不同的。

“在当时，50 美分不能让两个年轻人玩得很潇洒。我很着急也很痛苦，我的父亲不肯多给我一分钱，我只能想办法自己多赚一些钱。”

通常情况下，我们需要更多的金钱，就需要付出更多的努力和劳动。但是约翰的想法是不劳而获，他唯一的想法是哄女朋友开心，让自己也快乐，其他的他都抛之脑后。

“那之后的某一天，我在大街上认识了一个很厉害的陌生人，我们很快便熟悉起来，成了朋友。”

陌生人是他人生中的一次考验，有正常分辨意识的人不会被轻易引诱，但当他已经有了邪念，就很容易被带坏了。

“这个陌生人之后成了我的老大，他是一个经验老到的贼，聪明机敏，在偷盗方面很有一套。和他在一起完成的每一起行动，都十分顺利。之后我便成了他的跟班。”

约翰家有一栋房子，他的父亲在一个工厂里做领班，周末才能回家与家人团聚。家里一共有 3 个孩子。除了约翰，他家里的其他人都没有过任何犯罪记录。我相信这一定会让坚持遗传论的科学家十分疑惑。约翰承认了自己在 15 岁的时候就开始与女孩发生性关系，也许有人会说他是一个纵欲声色的人，但事实上，他只是为了让自己获得满足感，感到快乐。其实他对别人并没有兴趣，唯一的目的是想让自己在这方面得到赞扬和崇拜。约翰是在和同伴盗窃民宅之后被捕的，当时他只有 16 岁。从他的口供中我们发现他很多情况都证实了我所提出的观点。他享受被人崇拜、追捧的感觉。为了吸引女孩的关注，他大方地替女孩埋单。他平时的着装非常夸张，就像西部的牛仔一样。戴着一顶牛仔帽，脖子上系着一条红色的大手帕，腰里别着一把枪。他很自负，希望自己的行为像英雄一样。但事实上，他并没有什么能耐。他对法律的制裁毫无畏惧。他承认了警察对他的所有指控罪名，并叫嚣着还有更多其他的犯罪行为。

“我觉得生命里没有任何值得留恋的东西，平淡的生活对于我来说没有任何意义，我蔑视正常生活的人们。”

他不知道这些想法都来自自己的一种潜意识，他不知道自己的想法连贯起来后隐藏的是什么。在潜意识里，他认为生活里充满了压抑和负担，但他始终都不懂自己为什么对生活充满了绝望。

“大家都说兔子不吃窝边草，但是我曾经有一个同伙，我对他非常照顾，但是之后他陷害了我，这让我不再信任别人。”

“假设我也能有很多的钱，那我一定也和别人一样踏实地生活。当然这些钱不是我辛辛苦苦挣来的，我讨厌工作，以后我再也不想工作，也不会去工作。”

他的话语隐含的意思是：“精神的压抑是我走上犯罪道路的原因，正是欲望的压抑，最终让我选择了犯罪的道路。”我们需要仔细分析这个内容。

“每次行窃我并不是都有预谋，我总是恰好开车去哪，那里突然有非常吸引我的东西，而欲望就会驱使我把它偷走。”

他把自己的行动定义为勇敢的英雄的做法，而不是懦夫的表现。

“第一次被警察抓到时，我正要去把身上一件价值 14000 美元的珠宝卖掉换成钱，拿到钱后去哄女朋友。”这种罪犯把供养女人视为一种荣耀和满足，他们认为那是一种成功的表现。

“监狱里为罪犯提供了各种学习辅导班，我都尽量多地去听课，但是学习的目的不是为了改过自新，而是为了提升自己作案反侦察能力或者增强技能，最主要的是要把自己打造得更强大！”

这让我们对他仇恨社会的程度不寒而栗。同时，我们能够看出他没有好好活下去的想法。他自己说道：“如果我有自己的孩子，我一定会亲手杀死他，因为给予他生命，本身就是我的一种罪行。”

既然是这样，我们如何感化这种类型的犯罪分子呢？我们只能让他重新和别人建立联系，别无他法。我们必须使他懂得他思想中的错误根源是什么。很多时候我们会追溯他童年的成长经历，尽可能挖掘最早让他产生误解人生的事件，然后进行合理化解释来帮助他改变想法。在约翰的案例中，我没能做到特别深入地了解受访对象，很多关于他的事我并不知道，所以只能靠推测来分析。约翰应该是家里最大的孩子，最初的几年他拥有父母全部的宠爱，随着其他孩子的出生，他失去了家中的地位。如果这种推测符合事实，那么像这类的事情都可能成为妨碍约翰提高合作能力的因素。

约翰还提到，在进入工业感化学校受到的各种非人虐待。年幼的他因此对社会充满了异常强烈的仇恨。心理学家有一种观点，监狱中的粗暴虐待被罪犯视为一种增强韧性的锻炼和挑战。同样，“改掉恶习，重新做人”这种不断重复的教导，也被犯人当成是一种考验。这些都是犯人认为自己能成为英雄的锻炼，他们因此非常乐于接受这些挑战。犯人们把监狱里的虐待视为一种比赛，他们觉得社会在挑战自己，而自己必须坚韧地扛下去。假如一个人想象自己已经在和所有事物对抗，那么世界上除了挑战就没有什么能惹怒他了。让问题儿童接受挑战也是一种极其错误的教育方式。孩子们都争强好胜，大家都想：“看谁更厉害，谁撑的时间最长。”这种心理和犯罪心理相似，孩子们都沉迷于成为强者的向往当中。假若他们足够机智的话，孩子们会找到摆脱这种想法的途径。在感化院当中，常常对罪犯们进行挑战性地虐待和教育，是最糟糕的做法。

下面让我们再读一本谋杀犯的日记。罪犯已因为谋杀两个人而被处以绞刑。在犯罪之前，他把自己的预谋和意向都写在了笔记本里。这部日记为我们提供了研究的机会，我们能够在罪犯的犯罪计划里看清他的犯罪动机和犯罪过程。任何罪犯在采取犯罪行为之前都会有思想的斗争和行动的预谋。在行动之前他会给自己一个合理的解释。任何一种自白书中，罪犯都不能把自己的犯罪过程讲述得逻辑清晰，思维简洁。而在审讯中，所有罪犯都会为自己的行为辩解。

社会责任感非常重要。即便是罪犯，也在寻求社会责任的某种认可。但往往他们做的事情却是在逃避社会责任的束缚。因此，在陀思妥耶夫斯基著名的小说《罪与罚》中，拉斯柯尔尼科夫在床上躺了两个月，思考该如何去实施一次犯罪。他问了自己一个问题：“我要做拿破仑还是做一只虱子？”答案可想而知，他最终用这个答案打败了自己，欺骗了自己，走上了犯罪的道路。其实，罪犯自己知道他们的行为对于生活没有意义。他们清楚什么对于生活是好的。但是懦弱的性格让他们对此置之不理。之所以会这样，正是因为他们没有与人合作的能力，这让他们不可能成长为社会有用之才。

以下是从罪犯的这本日记里摘抄的句子：

“认识我的人都不喜欢我，嫌弃我，我是大家茶余饭后的反面谈资。甚至于家人都不愿理睬我，我非常不幸，没有什么值得我去留恋，我无法忍受下去了。也许我应该听天由命，任人欺辱。可是温饱问题怎样解决呢？肚皮可是不听指挥的呀！”

看，他这就开始寻找借口了。

“他们说我会被处以绞刑，其实饿死和死在绞刑架上又能有什么区别呢？”

另一个案例当中，有个母亲预言自己的儿子说：“我知道有一天你会勒死我。”很巧合，男孩 17 岁的时候，勒死了自己的母亲。有时候，预言和挑战有着同样的作用。

我还在杀人犯的日记里看到过这样一句话：“反正无论怎样我总要死的，我顾不了那么多的后果了，既然我想要的女孩子都不肯理我，我一无所有，别人拿我也无计可施。”

他希望喜欢的女孩子愿意接受他，可是他既没有体面的衣服也没有任何资本。他把自己喜欢的女孩当作一项财产，仿佛有了她就解决了爱情和婚姻的问题。

“事已至此，我也只好想尽办法把她夺取过来，为我所用，否则我也将彻底灭亡！”

这样的人做事都喜欢采取极端的手段，他们就和小孩子一样，或者要所有的东西，或者什么都不要。

“一切就绪，星期四我将孤注一掷，选好的谋杀对象就在那里，我只等着谋杀的时机成熟，当它来临时，我将做一件其他人都办不成的大事。”

他将自己视为自己心目中的英雄：“这是惨绝人寰的事情，不是每个人都能做出来的。”这个犯人带了一把刀，残忍地杀死了一个惊慌失措的人。这真的不是每个人能想到和做到的事情。

“就像牧羊人放牧羊群一样，肚子也会教唆人们犯下罪行。可能我再也看不到明天升起的太阳，但是我并不在乎。而最可怕的事情是饥肠辘辘，我再也无法忍受这种痛苦的煎熬。最后苦恼的将是我的审判者。犯罪必定要承担最终的后果，但是死亡也抵不过饥渴的痛苦。如果我饿死在路上，没有人会注意到我。但是我惊天动地地犯罪，会引来社会的关注，也许就会有人为我辩护。我下定了决心，必须实施我的计划！没有人会想我现在这么彷徨，这么恐惧。”

实际上，他并不像他想象的那样，如同英雄一样勇敢。在接受审讯时，他为自己辩护道：“虽然我没有刺穿他的心脏，但是我还是犯了谋杀罪，也许我将被处以绞刑。但是我很遗憾自己一辈子都没有穿过体面高雅的衣服。”他不再说忍饥挨饿是他犯罪的动机了，他关注的内容变成了衣服。他辩解说：“我不知道自己到底做了什么。”罪犯辩解的方式花样百出，但是他们总会为自己找到推卸责任的说法。有时候，罪犯在作案之前去喝酒，以便事后推卸责任。这些也恰恰证明了罪犯需要经过痛苦的挣扎才能突破审核感觉的壁垒。在每个罪犯的生涯描述中，我们都能发现这一点。

合作的重要性

现在，面临的真正问题出来了，我们该如何处理这些事情呢？假如我的观点正确，在所有的犯罪案件中，我们总能找到缺乏社会兴趣、没有掌握合作之道的人，追求着自己所谓的优越感，我们拿他们怎么办呢？其实，对待罪犯就像治疗精神病患者一样，我们在赢得他们合作意愿以外，没有其他的办法。但是，我们又不能够过分地强调这个问题。假设，我们能发掘罪犯对于生活幸福的兴趣，引导他们关注别人，对别人的幸福感兴趣，与别人合作，那么其他问题就迎刃而解了。即便是犯罪分子也会寻求社会的认可，但是这件事并不容易。我们不能让罪犯做太简单的事，但是也不能让罪犯做他做不到的难事。我们更不能特别直接地指出他的错误，指责他们。罪犯习惯了自己多年形成的世界观。我们必须弄清楚形成他人生态度的事件和原因，才能去改变他们的观念。他们的性格在四五岁的时候就已经形成了，人生态度和对世界的认识在那时也慢慢形成了一种基础。所以，我们必须改正他们那些早年形成的错误认知。

在人生中，每个人会把自己早期形成的态度放到他经历的每一件事当中，如果他的经验和态度不十分符合，他就会思考和回味，直到证明自己的想法是对的。如果有人持这种态度："天下的人都在侮辱我、亏待我。"他会发现许多让他信心更为坚定的证据，他会努力寻找每一个支持自己观点的证据，而相反的证据则视而不见。罪犯只对自己的观点和素材感兴趣，他有自己独特的倾听方式与观察视角，我们必须知道他对生活各种解释背后的意义，并找到造成这种态度的初始事件，才能有办法纠正他。

这可能就是严厉的体罚对罪犯毫无帮助的原因。学生会把体罚视为老师的否定和处罚，他会倍感失落，从而不愿意再与别人合作，造成成绩每况愈下，甚至成为班上的捣蛋分子。因此，他可能会再次遭到责备，久而久之，他会觉得大家都在和他作对，他失去与人合作的兴趣。谁都会理解，我们不会在一个经常遭受责备和惩罚的地方培养出什么兴趣。

这种环境只能让孩子信心全失，之后开始排斥老师、同学，丧失学习的兴趣，甚至是厌恶学习。慢慢地，他也许会逃学，四处游荡，寻求庇护之所。之后，他会在某些场所遇到和他同病相怜的孩子，他们彼此理解，互相恭维。在那些场所，他得到的不是责备，而是新的“希望”，让他把希望寄托在生活中毫无意义的一些方面。因为孩子不懂得社会，不会把社会工作人员当作敌人，把罪犯当作敌人。罪犯很喜欢他，在罪犯当中他自由自在。就这样，很多孩子被拉入犯罪集团。假如在以后的生活中，我们也以同样的方式对待他们，他们就会有新的证据证明只有罪犯是他的朋友。

当然，这些孩子不应该被生活抛弃，我们不能让他们失去回归的希望。如果我们在他们的学习生活中给予他们自信与勇气，他们就能悬崖勒马，回归正路。现在我们找一个例子来解释罪犯为什么总是把惩罚解释为社会与他作对的证据。这也是严苛的体罚没有效果的原因。有许多罪犯十分不珍爱自己的生命，他们之中有很多人总是徘徊在自杀的边缘，所以体罚、虐待根本不能对他们构成震慑。他们沉迷于击败警察，想让警察对他们无可奈何。他们把对抗视为自己应对挑战的一种方式。如果狱警虐待罪犯，罪犯很有可能拼死抵抗。这样做只能增加他们想与警察一决高下的想法，他们会有一种要战胜警察的欲望。他们处理每一件事情都是这样一种解决的思维。他们把身在社会中的所有时间当作是连续不断的战争，并竭力抗争，力求取得胜利。假如我们也持有相同的态度，那么就进入了他的圈套。即使是电椅也可以作为这一类的挑战。罪犯们把处罚作为一场赌博，处罚越重，赌注越高，他们想表现自己的欲望越强。有很多罪犯犯罪的动机就是这样，当他们被判处极刑时，他们可以依然在懊悔："我为什么那么不小心，竟然把手帕丢到了那，当时注意到，就不会被抓了。"

我们唯一能做的补救方法就是找出问题的根源，也就是什么妨碍了罪犯童年寻求合作的意愿。个体心理学研究说明，5岁的儿童心灵已经发育成熟。在此，个体心理学为我们在这片黑暗大陆上投下了一片曙光，我们因此可以看得比较清楚。在5岁左右，儿童的心灵就成为一个整体，他们人格的许多发展基础有可能也来自遗传和环境的影响。但是，孩子的天赋和他生活的环境、经历的遭遇都不是最重要的。最重要的是孩子如何看待自己的能力和境遇。我们对能力遗传的科学一无所知，我们考虑的是他可能遇到什么情况，他会如何应对不同的环境和事件。

我们要重点培养孩子对他人的兴趣。往往，一个特别受妈妈溺爱的孩子，并不受同龄孩子的欢迎，大家可能不喜欢和他一起游戏。当这个孩子因此发生误解时，有可能就成了他犯罪生涯的起点。如果家里一个孩子天赋极高，其他和他一起玩的孩子有可能会成为问题孩子。例如，弟弟长相超级可爱，他的哥哥有可能会觉得被父母冷落了。那么哥哥会搜集各种被人忽视的事情，他开始变得叛逆，思想上认为别人剥夺了父母对他的爱。为了获得心理平衡，他有可能会去偷盗。事发后，必然会受到惩罚，对他而言这些惩罚他的人也变成了他的敌人。

父母如果经常在孩子面前诉说生活艰辛，社会不公，孩子很有可能受到感染，对社会缺乏兴趣。如果家长总是在说邻居或者亲戚的坏话，孩子也会受到同样的影响。长大后的孩子，对同胞亲人会充满抱怨和敌意。如果他们开始与父母为敌，我们也不必吃惊。孩子们对社会没有兴趣，对亲人没有依恋，只剩下了自私。他心里有可能会想："有什么理由让我为别人工作。"遇到问题，他便会想"这太难了，我无法解决"，这种消极的态度，让他面对问题时，一贯是优柔寡断。他把和生活斗争，当成是一件难事，但如果他伤害了别人，他却满不在乎。

这里有几个例子可以让我们弄清犯罪的发展路线。在一个正常的家庭，孩子们都很健康，但是弟弟是一个问题儿童，哥哥是一个很优秀的孩子，母亲对两个孩子一样宠爱。弟弟一直想要超越哥哥，他们的生活中充满了比赛和竞争，但是弟弟没有足够的合作能力，遇到事情就会找妈妈解决，总是向妈妈要这要那。生活也总是不如意，哥哥是学校里学习最优秀的孩子，弟弟却是班里学习很差的学生。弟弟控制欲很强，他经常像将军指挥士兵一样呵斥家里的女仆。女仆很疼爱他，甚至在他 20 岁的时候，还配合他扮演士兵。他总是觉得在工作中力不从心，最终也是一事无成。因为遇到困难就找母亲帮忙，他经常被母亲责备。

他突然就结了婚，因此他的生活负担也随之加重。他看重的仅仅是要比哥哥结婚早，并把这件事当成超过哥哥的一个骄傲。由此可见，他是多么的卑微呀，他把这件微不足道的小事当作一种胜利。而实际上，他根本没有准备好走进婚姻，结婚后，他和妻子感情不和，吵闹不断。母亲再也没有可以资助他的财富。他擅自订购了一架昂贵的钢琴，因为没有钱支付货款，他吃了官司，被送进了监狱。他的这段历史，我们在他的童年可以看到他以后行径的基础，他就像一棵生活在大树阴影下的小树苗。他搜集各种事情，觉得自己非常可悲。从小他就在哥哥的光环下生活，他觉得哥哥出尽风头，而自己长期被忽视，自尊心受到了太多轻侮。

另外，还有一个女孩子，她野心勃勃，而又深受父母宠溺，她嫉妒自己的妹妹，无论是在家里还是在学校，她处处跟妹妹作对。有一天，她偷了同学的钱，被发现后受到了处罚。很庆幸，校园顾问让我有机会跟她讨论前因后果。我告诉她内心的潜意识在做什么，她打消了跟妹妹一较长短的想法。同时我跟她的父母进行了谈话，他们同意并接受了避免对妹妹偏爱的建议，以消除姐姐的敌意。这件事发生在20年前，在那之后，她再也没有犯过大错误。现在这个女孩已经为人母，成了很有名望的女强人。

我们前面已经讨论过严重影响儿童成长发展的各种危险状况，现在，我愿意把这些做一个总结。之所以要强调它们，是因为如果个体心理学的观点是正确的，那么我们就必须清楚情景对罪犯心理的影响，才能真正让他们再次参与合作活动。有三类孩子容易产生犯罪倾向，第一类是身体残疾的孩子，第二类是被惯坏的孩子，第三类是长期被忽视的孩子。残疾儿童心理上会存在天赋权利被自然剥夺的怨恨，除非他接受特别的训练，才会对别人产生兴趣，否则他们便会自私自利，控制欲很强，处处牵制别人。曾经有这样一个男孩，他追求女朋友被拒绝。他觉得自己的自尊心受到了践踏，竟然教唆一个很小的男孩去谋杀女孩。被惯坏的男孩心里总是依赖着自己的母亲，他们无法关注世界的其他内容。我们知道父母或者社会不会完全抛弃任何一个孩子。但是，很多孤儿、私生子、弃婴、丑陋或者残疾的孩子常常被忽视和轻视。而总结罪犯的特点，他们的童年可以被分为两种类型：一种是被忽视的丑陋，或者残疾，或者孤僻的孩子；另一种是英俊却被溺爱的孩子。

我希望在自己研究过的罪犯，以及在资料中阅读到的罪犯的情况中，总结出罪犯的深层人格结构。个体心理学的很多概念，对我们有很大的帮助。下面，我们来学习几个摘自费尔巴哈编著的一本古老的德国书中的例子。这些故事，非常精确地描述了罪犯的心理。

（一）康拉德的个案。他联合一个工人谋杀了自己的父亲。他的父亲从小就忽视他，并对他和其他家人经常实施家暴，家庭关系十分紧张。有一次，这个男孩和父亲起了争执，打了父亲，父亲竟然把孩子告上了法庭。法官对这个孩子说：“你的父亲人性卑劣，法院也无计可施。”此刻，法官的话或许已经在这个孩子心里种下了祸根。后来，这个家庭想尽办法去改变父亲的性格，意图改善父子的关系，但是最终也没能缓解。

之后，让所有人都很失望的是，他的父亲把一个声名狼藉的女人带回家同居，并把他的儿子赶出家门。再之后，男孩结识了那个影响他一生的工人。工人非常同情男孩的处境，并建议他除掉自己的父亲。男孩考虑到自己的母亲，犹豫不决。但是家里的情况每况愈下，日子最终过不下去了。最终，男孩与那个工人合谋，杀死了自己的父亲。

我们分析这个男孩，他爱自己的母亲，尊重自己的母亲，但是对父亲的社会兴趣不足，被父亲的行为激怒，他以武力反抗父亲，在法院得到了关于父亲不负责的印证。当他决定毁灭父亲，消除自己的社会责任之前，他必须找到足够说服自己的理由，当他得到公认的支持之后，便凭着一股怒气，借着工人的帮助犯下罪行。

（二）玛格丽特·史文齐格案例。她被人们称为“投毒女”。从小在孤儿院长大的她，外表瘦小，容貌丑陋。她就像个体心理学所说的那样，非常希望得到别人的关注，却饱受冷落。

她尝试多次都失败，饱受打击后，她心灰意冷。为了占有别人的丈夫，她曾经三次试图毒死其他女人。她认为别的女人占有了自己的情人，除了毒死她们，她不知道自己能用什么其他的办法夺回所谓“自己的东西”。她也曾假装怀孕，企图以自杀博取那些情人的关怀。她在自传里（许多罪犯都沉迷于撰写自传）写道：“每次作恶之后，我都会对自己说：‘他们都不曾为我感到愧疚，我又何必对他们的不幸感伤呢。’”她不知道自己的想法源于什么，但是这是个体心理学当中潜意识的典型案例。

在这些文字当中，我们知道了她是如何教唆自己去犯罪的，她给自己找出了各种借口去犯罪。当我跟别人主张培养对别人的兴趣，学会合作时，我总会听到别人差不多的说法："可是别人对我并不感兴趣呀！"我总是会回答："无论怎样，总要有人先去说话的，别人合不合作，是他的事，我的建议是，不管别人怎样，由你来先行动，做个开头。"

（三）N. L，他是家中老大，教养欠佳，走路一瘸一拐。父亲早逝，长兄为父，他在家中地位优越，看管弟弟们，掌控家里的事情，这似乎是一种骄傲和可以炫耀的积极因素，然而，他的粗暴和蛮横毁了他。他甚至把自己的母亲从家里扔出去，并骂母亲："滚吧，老太婆！"。

多么令人气愤和悲哀，他甚至对自己的母亲都失去了兴趣。回顾他的孩提时代，可能就会清楚他是如何走上犯罪生涯的。很长时间，他曾处于失业状态，没有钱，又患有疾病，生活极其困苦。有一天，他找工作又一次失败了，因为想占有弟弟微薄的收入，他在回家的路上，和弟弟争执起来，最后动手杀了弟弟。我们可以看出他合作的底线，失业、断粮、受疾病困扰，他觉得自己再也无法存活。

（四）一个妇人领养了一个孤儿，这个养母很宠爱这个孩子，娇惯的程度令人难以置信，孩子最终被惯坏了，性格变得越来越恶劣。他热衷于与人竞争，总想高人一等，以此获得别人的关注。他的养母竟然不明事理地宠溺他，纵容他。结果他变成了一个到处骗钱的骗子。最初，他的养父母是贵族后代，家境殷实。这个养子各处招摇，挥霍钱财。最终他花光了家里所有的积蓄，并将养父母从家里赶了出去。

因为养母不当的教育和过分的骄纵，使他不务正业，最终走上了犯罪的道路。他认为解决生活困难的唯一办法就是撒谎和诈骗，每个人都是他欺骗的对象。而养母对他的关爱超过自己的亲生儿女，这让他认为自己有获得任何权利的自由。但是，他又对自己的能力评价很低，认为自己不可能通过正当的方法获得成功。

我们曾提及：任何一个孩子的合作都不应该被自卑感这个不利因素所干扰。面对生活，在问题来临时，没有谁注定是失败者。我们需要指出他错在什么地方，为什么不能采用这种方式。这样有什么不好。同时，我们要鼓励孩子对别人产生兴趣，并培养他与别人合作的能力。如果大家能意识到罪犯是生活中的懦夫，而不是什么所谓的英雄，那么我相信，罪犯的歪理邪说就会不攻自破了，将来也不会有孩子再去走犯罪的道路。

在所有的罪犯的案例当中，不管描述是否准确，无一例外地都存在幼年时期不正常的生活模式，这些生活模式影响了孩子合作能力的发展，而缺乏合作成了他们的枷锁。合作潜能是天生的，但是合作的能力却是通过后天训练获得的，遗传的程度不是构成问题的原因。每个人都具备合作的潜能，但是潜能需要训练和联系来激发。我没有见过擅长合作的罪犯，我对于罪犯的观点也仅此而已。防止人们犯罪的最好方法是教会他们学会适当的合作方法。假如我们意识不到这一点，就不要期望避免犯罪这一悲剧的发生。就像给孩子们教授地理知识一样，培养孩子的合作能力也是可以实现的。因为合作是一门学问，是可以被教授的。不管是大人还是孩子，只有学会了地理知识才能从容地参加科目考试。合作也是一样，没有做好准备就去一个需要高度合作能力的场景接受考验，肯定会一败涂地。

如何矫治犯罪行为

我们解决问题都需要进行合作。对于犯罪问题的讨论已经基本结束，现在我们需要鼓起勇气，面对犯罪的事实。人类在地球上生存了千万年，对这个问题探索了上千年，仍然未找到解决问题的有效方法。曾经被使用过的方法都不能奏效，犯罪依旧在我们身边不断发生。经过研究，真正的原因就在于我们从未采取恰当的措施来改变错误的生活模式。假如不能对其进行分析，任何方法都无法解决这个问题。

让我们回顾一下以往的研究成果。我们认识到罪犯和普通人一样，他们的行为符合某些人类行为公认的合理性。他们的行为也是人类行为的延伸，能够认识到这一点非常重要。假如我们了解到犯罪本身并非孤立事件，而是生活态度的病症，如果我们能找出病症形成的原因，并坚信这是可以解决的问题，那么我们就有足够的信心来改变这种状况。我们发现，罪犯不合作的思想不是一时形成的，缺乏合作的事件可以追溯到儿童时期。我们的研究表明，罪犯产生的这种合作阻碍与他们的父母、同伴、社会对他的偏见，外围生存环境造成的困难等诸多因素都互相关联。我们发现，缺乏合作精神和社会兴趣是形形色色的罪犯和各种不同的失败者之间，最大的共同特点。假如我们想帮助犯罪分子改过自新，除了必须培养犯罪分子的社会兴趣和合作能力，就别无他法了。

罪犯和一般的失败者之间存在着不同之处。罪犯在长期拒绝合作之后，像其他人一样失去了正常的工作生活获得成功的信心。但是，他还会从事某些活动，只是活动的重心被他投向了生活中消极而毫无用处的方向上。而且他总是与自己臭味相投的罪犯们狼狈为奸。在这一点上，罪犯和精神病患者、酗酒或有自杀倾向的人各不相同。然而，他的活动范围局促，他被自己禁锢在有效的范围内，甚至只剩下了犯罪。这些行为都显示了罪犯的心理是多么怯懦，他没有足够的勇气和信心去与别人合作。

罪犯夜以继日地一直准备着犯罪所需要的计划，他无时无刻不在想象逃脱罪行惩罚的借口。我们都知道，社会感束缚的壁垒不会被轻易打破，它具有非常强大的抗拒力。但是假如一个人不断地计划着去实施犯罪的话，他总是会想出可以支撑自己行为的理由，这个理由也许会是他记忆中曾经受过的委屈，也许会是自己愤怒的情绪，这些都可以是他克服障碍的支撑。这些也可以帮助我们解释他为什么不断地寻找对周围环境的分析，也可以了解他为什么用自己的眼光去观察世界总是失败。他为自己所有的观点准备了数以百计的理由和证据，某种态度在他那里已经根深蒂固。我们只能找到他这样的态度来源于什么，否则我们将无从下手。但是我们却有一把所有人都无法抗争的武器，那就是我们对人的兴趣，这种兴趣将指引我们找到改变他的方法。

罪犯在开始筹划犯罪时，一般是生活困苦，没有勇气和能力面对和解决现状，转而用一个较为简单的方法去解决，那就是犯罪。这种情况往往会发生在穷困潦倒的人身上。就像所有人一样，他也有安全感和优越感的目标追求，他希望尽快解决困难。然而，社会标准要求不允许他的想法实现，个人优越感的目标是他自己想象出来的，他获得这种目标的方法是自欺欺人地把自己假扮成警察、法官、官员等可以征服法律和社会组织的人群。他总在和自己玩破坏法律、逃避警察、逍遥法外的把戏。比方说当他使用毒药谋杀别人的时候，他认为这是自己的巨大胜利，而且他会一直这样欺骗自己，麻醉自己。他可能作案多起之后，才会被警察抓到一次，因此他在东窗事发时的想法大约都是："这次太大意啦，要是更小心一点，就躲过去了。"

通过这些描述，他的自卑是显而易见的。他逃避生活所需要的工作、劳动、责任等那些需要与别人合作的生活情境。他认为自己没有能力处理好这些事情。不肯与人合作的习性也增加了他获得成功的难度。因此，大部分的犯罪分子都没有一技之长，只能靠出卖劳动力赚取工资。他用一种毫无价值的想象的优越感来埋藏自己的自卑情绪。他想象着自己聪明又勇敢，自己出类拔萃。但是，我们不能把生活中的逃兵当作英雄。罪犯的生活是自己排演的一个美梦，他分不清现实和梦幻。他不愿面对生活，否则他只能放弃犯罪。他经常想的是："我是世界上最伟大的强者，谁不顺从我，我就杀了他！""我是最聪明的人，就算我干了坏事，别人也拿我没有办法。"

我们已经知道，在生命的最初几年，心理负担过重或是被宠坏的孩子以后会怎样走上犯罪的道路。身体有缺陷的孩子需要更多的关爱和特殊的照顾，才能培养他们对别人的兴趣。不受欢迎、经常被忽视，或者被讨厌的孩子也处于相类似的情景之中，他们很少有与人合作的机会，更不懂得团结合作可以让他们获得别人的喜爱和欢迎，并赢得他人的情感，去解决自己的问题。从来没有人去教育那些被家长宠坏的孩子要通过自己的努力获取东西。他们总是衣来伸手，饭来张口。在他们的世界里，所有人都会迎合他们的要求，如果有人不能听任他们予取予求，他们就觉得别人待他们不公。在每一个罪犯经历的过程中，我们都能追溯到诸如此类的经历。他们不曾受到合作的训练，每当他们遇到问题的时候，就会不知所措。因此，我知道，最应该做的事就是传授他们合作之道。

目前，我们储备了足够的知识和丰富的个案研究成果，个体心理学也已经找到了改变每个罪犯的方法。但是，请想想看，如果要找到所有的罪犯，对他们每一个人进行矫治，将是多么艰巨的一项任务。很不幸，在我们的文化中，在生活中，我们大部分人在困难超过某一个限度后，合作的能力就消失了。所以经济萧条的时候，犯罪率就会急剧上升。我相信，假如我们要用这种方式削减犯罪就需要对大多数人进行普及教育。但是要把每一个罪犯或者潜在的罪犯都改造成循规蹈矩的人，我们确实是能力不足的。

但是，我们仍然可以做很多事情。我们可以通过努力减轻一些他们生活的困难。例如，帮助没有工作或没有知识的人获得一份工作，这样他们至少还能保留一份合作能力，可以减少一部分犯罪的发生。同时，我们还需要对孩子们进行职业培训，让他们为未来的职业生活做好充分的准备。只有这样，他们才能在职场中更加轻松地与人合作。这方面我们已经做出了一定的成绩，我们需要继续增强这种努力。虽然我们不能对所有的罪犯进行矫治，但是我们可以对罪犯进行集中的培训，通过集体讨论来解决他们的问题，即通过诠释他们心灵的疑惑来开启他们的心窗，让他们重获阳光，转向正确的人生态度。只有让他们懂得正确认识自己，提高自信心，提升面对生活的勇气，才会在矫治的过程之中，取得巨大的成果。

在我们的社会当中还应消除让罪犯感觉不公平，或者在他们心里构成挑战的事情。例如，富人坐拥财富，每日挥霍千金是不应该的。穷人必然会愤恨不平，产生嫉妒心理，并跃跃欲试。因此，我们需要尽最大努力消除贫富差距，并抵制奢靡腐化的风气。我们非常清楚，严苛的管理与体罚对于智力低下和问题儿童都没有什么作用。因为这也许会成为他们顽强抵抗的理由和挑战，他们总想着挑战和对抗，当他们认为自己是在和社会对抗，他们会坚持自己的态度不肯妥协。我们可以看到，警察、法官，甚至是法律，都在向罪犯不断地挑战，这些都是使罪犯充满仇恨的原因，而威胁对他们不会起到任何作用。假如我们理智一些，不提罪犯的名字，也不公布他们的罪行，这样情况会更好一些。我们需要改变以往的态度，改变罪犯的生活模式而不是严厉制裁他们，因为严厉的制裁只能让事情变得更加严重，而无法解决问题。

如果我们能再努力一些，抓住更多的罪犯，我们的工作将有更大的进展。根据某项研究表示，有 40% 以上的罪犯逍遥法外。没有被抓到意味着给了犯罪分子更多机会积攒经验。关于这一点，我们已经予以改进，并且取得了更好的发展状态。另外还有一点非常重要，不管是在监狱还是在被释放后，都不能羞辱罪犯并且挑战他们。如果能够找到合适的人员，我们应该把对社会问题有所研究，并将清楚意识合作问题重要性的人员派到监狱监督和教导罪犯。

但是我们知道，即便如此，仍然无法大量减少罪犯的数量。但是我们仍然可以做很多事情，同时我们还可以运用另一个有效并且实用的方法。假如我们可以训练自己的孩子，让他们具有对社会的兴趣，并且充分发掘他们合作的能力，那么，他们便不会轻易被人蛊惑。儿童避免了犯罪的可能，未来的犯罪率将会降低。无论他们的生活遇到什么困难，他们都不会丧失对别人的兴趣，这样他们就能与别人合作解决生活中的难题，他们的生存能力也会比我们这一代人强。

大部分罪犯通常在青春期开始时就走上了犯罪的道路。据调查，15～28岁之间的青年人犯罪是最多的。因此，我们训练孩子的努力很快就能见到成效。不仅如此，受过良好教育的孩子成年后也会以同样的方法影响自己的家庭和孩子。独立、乐观，有远大抱负的孩子将是父母最大的期望和安慰。我们教育子女的同时，社会也会受到正面的影响，社会风气将会有很大提升。在我们影响孩子的过程中也影响了父母和老师。

我们应该如何选择最佳的锻炼时机，用何种方法来训练儿童，是我们要讨论的下一个问题。我们能够训练所有的家长吗？好像太难了，而且也不需要，因为这个方案并不会有多大成效。我们不会找到那些最应该受到相关训练的父母，而且我们也很难让他们接受我们的意见。我们必须另寻其他方法。那么，我们是否要把问题儿童都集中起来，统一管理，统一都监视起来呢，显然这个方案被直接否定。

在实践过程中，我们发现，解决这个问题最可行而且最有效的方法是培训教师，让他们成为推动社会进步的动力。通过培训教师，再让他们培养所有孩子的社会兴趣，纠正家庭教育中的问题，让他们重新获得良好的合作能力。这是学校发展的自然方向。而家庭教育不能教会孩子人生发展需要解决的所有问题，社会才设立了学校，来弥补家庭教育的不足，所以我们肯定会利用学校来培养孩子们的合作能力。

简而言之，现代文明是社会发展的成果，其中蕴含着很多人的奉献。假如，一个人不愿与他人合作，对社会不感兴趣，不会对人类发展贡献力量，那么他的生活将是一片荒芜，他的一生也不会留下一丝痕迹。只有无私奉献的人，最终才会有所成就，他的精神才会让后人瞻仰、纪念。如果我们以此作为儿童教育的基石，他自然会乐于合作，当他面对困境时也不会怯懦，因为他有足够的力量面对最困难的问题，并且选择用利人利己的方式解决自己的问题。

第十章　职业

平衡生活的三大纽带

由桎梏着人们的三大纽带所带来的三大问题存在于人们的生活中，而这三个问题却需要统一解决。每一个问题都以另外两个问题的解决为基础。第一条纽带所带来的问题便是工作问题。我们生活在地球上，享受着大自然所给予的全部资源，土壤、矿藏和空气，在大自然中探索这些问题的真谛，一直是人类的工作。就算是在此时此刻，我们也无法确定自己已经寻求到了这些问题的真正答案。无论在哪个时代，人类都能在不同层面找到解决问题的方法，但这些问题还能在更深程度上取得进展和突破。

将第二问题也就是社会问题解决好会成为打开工作问题之锁的钥匙。第二根纽带是通过阐释：我们人类是一个大家族，我们不能离开他人而活的这一事实将人们捆绑在一起。除非我们中有人能成为人类在地球上的唯一幸存者，否则我们的态度和行为并不会发生任何改变。然而，我们无法不为其他人打算，与他们相互顺应，并对他们产生兴趣，这个问题在人们交朋友、在社会中为人处世，以及人与人之间的互助中得到了解决，处理好第二问题，我们就能够顺利地进行第一问题的解决。

人类在学会了互助之后，才发现高效率的劳动分工，这个伟大的发现无疑为人类的幸福上了一道保险。任何人都能靠自己的力量在地球上生存下去，不与其他人互帮互助，不参与合作产生的结局和好处，是人类或许早就像恐龙一样灭亡了。劳动分工不仅能将众多各行各业的训练结果运用起来，更能将各式各样的能力统一结合起来。这样，所有人都为全人类的利益奉献了自己的一份力量，让人类能无忧地生活在地球上，并且使社会中每一个人都获得相等的机会。事实上，我们并不能扬言自己取得了所有力所能及的成就，更不能鼓吹劳动分工的效用已经发挥到极致。然而，为解决第一问题一丝一毫的努力都应包含于这个目录内：劳动分工、为全人类利益做出贡献的合作。

一部分人想方设法绕过工作问题，甚至根本不工作，或者在与人类利益相背离的事情上浪费时间。然而，事实证明：越是逃避工作问题，就越要得到别人的帮助。在某种程度上，他们靠着不劳而获生活下去。很多孩子都在这种日子里被宠坏了，一旦遇到困难，他们从来都没想过试着自己去解决。人类合作的发展受到牵制主要就是这些被宠坏的孩子造成的，他们还总是将责任推卸到那些积极生活的人身上。

第三根纽带便是：我们人类非男即女。在人类繁衍过程中，我们必须要接触异性，并用自己的性别完成一出人生大戏，这是我们的责任所在。而问题也随性关系而来。和其他问题没有什么不同，这个问题也需要综合地去考虑。要想很好地协调婚姻爱情问题，所从事的工作必须要从全人类利益出发，在与他人交往时要和睦。我们不难发现，一夫一妻制是最好的政策，是能体现社会和分工的最恰当的途径。一个人对于性别问题的观点体现了他对合作所能接受的最大程度。

影响职业选择的因素

人生发展的三大束缚纽带，是人类自身需要面对的三大问题，三者之间互相联系，不能割裂地解决问题，解决任何一个问题都需要联系其他两个问题才能实现顺利发展。第一条纽带是我们职业发展问题的构成因子，居住在地球表面的人类，占据的只是地球的土地、矿产、享受着的大气和阳光。人们一直以来都在寻找地球相关问题的解答，而且将这个工作作为人类发展的一项事业。就算是在科技快速发展的今天，我们仍然要探寻地球之谜的答案。人类发展的不同时代，对于地球问题都会有不同水准的答案，但总体而言，基本是随着时代的变迁而不断地取得进步，并获得成就。

这里，我想再一次强调，妇女在履行母亲神圣职责并对社会贡献的同时，也和其他人一样，在社会分工制度中占据着崇高的地位。如果她在培养子女的同时，还是一名健全的社会公民，她努力扩展孩子们的兴趣，教育他们与人合作，那么她对社会的贡献将无比巨大。对其子女的生命抱有浓厚的兴趣，并努力要使其成为健全的公民，如果她致力于扩展他们的兴趣，并教之以合作之道，那么她对人类的贡献更是无法估计的。在社会文化中，妇女的地位较低，母亲的角色价值较低，而且不吸引人。全职妈妈只能通过他人获得报酬。母亲的经济地位通常不够独立。但是，家庭的成功却需要父亲和母亲共同合作，他们的地位平等，作为女性无论在家操持家务还是在外工作，作为母亲的社会地位不会比丈夫低。

母亲作为儿女第一个老师，直接影响了孩子的职业选择。孩子生命最初的四五年时间里接受的训练和成长，决定了成年后的生活范围。我在做职业辅导时，总要了解他儿童时代的生活情况，并且分析他记得的最早的兴趣是什么。每个人对自己这段时间的记忆能够显示出，他在用什么逻辑训练自己。这些充分展示了一个人的原始统觉表。之后我会再讨论最初记忆的重要性。

学校执行是我们的第二步训练。现代社会学校越来越注意对孩子未来职业的训练，并不断提高儿童眼、耳、手等器官的能力。这种训练和一般学科的教学同样重要。然而，我们需要明确，一般学科教学对于儿童职业发展异常重要。经常有人说，他们把在学校学习的拉丁文或者法文还给了老师，但是，这些科目仍然很重要。综合以往经验，这些科目的学习可以训练我们大脑的各种功能。而有些超前的学校非常注意职业与手工训练，这些方式能够增加孩子们的生活经验，并能促进他们自信心的形成。

一个孩子如果从小就决定自己将来要从事什么职业，那么他们的发展将简单直接得多。当我们问孩子他们以后想做什么，他们大都会有自己的答案，但他们往往没有经过深思熟虑。如果孩子说长大后要做飞行员或者汽车司机，他们也不知道自己选择这个行业的理由，有时仅仅是兴趣或者一时兴起。我们的工作在于找出孩子潜在的动机，发现他们要努力的方向，给他们前进的动力，让他们找到理想的目标，为他们设计具体可行的方案。孩子们的答案只能代表他们对最优职业的一种判断，我们从中可以帮助他们找到其他目标的机会。

一般，12 ～ 14 岁的孩子会比较清楚自己长大后想要从事的职业，有些孩子可能很可悲，因为到这个年纪还不能明确自己想做什么。从表面上看，这个孩子是缺乏雄心壮志，但他们并不是缺乏感兴趣的事情。他们内心非常向往，但是却没有勇气表达自己的想法。在这种情况下，我们需要耐心地找出他们的兴趣点。有些16岁的孩子借宿高中时，对未来依旧茫然，虽然往往这些孩子品学兼优，但他们对之后的生活没有任何计划。稍加观察，我们发现，其实这些孩子野心勃勃，却不愿意与人合作。他们不知道如何在分众制度中找到自己的定位。所以，提早让孩子们找到自己感兴趣的职业意义深重。我在学校里经常引导孩子们思考自己的职业兴趣，以帮助学生明确方向。我还会问他们选择某种职业的原因，学生通常会非常详细地进行介绍。从中我们可以观察到他们所有的生活方式。他们明确自己努力的方向，追求的价值。我们必须尊重他们的职业选择，因为社会上没有某种职业定位是高尚还是低下。倘若一个人可以专心致志地做自己的工作，任劳任怨地奉献自己的努力，那么他们和比尔一样对社会有价值。而他们需要做到的就是训练自己，找到支持自己的动力，并在社会分工中找到自己感兴趣的位置。

影响职业选择的其他因素

另外一些人对所有的兴趣、对自己从事的各种工作都不满意。事实上，他们并非想要工作，只是给自己贪图舒适和享受找了个借口。他们会认为自己的人生会一直顺风顺水，所以不用费脑筋去解决问题。作为被宠坏的孩子，只能依赖于其他人生存。也许因为经济的限制或者家庭的压力，还有一大部分男性和女性无法按照自己孩童时代的四五年里感兴趣的方向行进，而被迫选择了其他的方向，从事自己不感兴趣的职业。这就从反面论证了儿童时期的训练非常重要。假如我们发现孩子在最初的记忆中对视觉感兴趣，我们便能推测，他们很可能从事运用研究的职业。最初的记忆在职业辅导中非常重要。我们还会根据另外一些孩子描述一个人的声音印象，或者是风吹、铃动的声音感受推测，这些孩子有可能适合从事和音乐相关的工作。在其他一些人的回忆里，我们有可能会看到有关动作的印象。由此我们发现这些人比较喜欢运动，那么，他们有可能很喜欢户外工作或者与旅行相关的职业。

最普遍存在的努力就是不能比家里的成员差，特别是要比父母更优秀。这极有价值，我们对于长江后浪推前浪的现象总是喜闻乐见的。而且，如果孩子想在父亲的行业中青出于蓝而胜于蓝，在某种层面上，他的父亲就是他最好的榜样和教科书。一个有一位警察爸爸的孩子会梦想当律师或法官，一个爸爸在医院就职的孩子会立志做一名医生，一个爸爸是老师的孩子更倾向于成为大学教授。

观察儿童时，我们经常可以发现他们在训练自己从事某种职业。比如说希望成为教师的孩子，经常带领着一群孩子在玩老师上课的游戏。我们从游戏中可以看出他们的兴趣所在。希望有一个小宝宝的女孩会喜欢洋娃娃，培养自己对婴孩的感情，有些人认为我们给她洋娃娃是在使她脱离现实，实则不然，这是在训练她们认同母亲，从事母亲工作。她们应该及早练习，如果太晚，她们将会固定兴趣不易更变。有些对机械或技术表现出浓厚兴趣的孩子，假如能达成他们的心愿，这也会为以后职业生活奠定良好的基础。

还有一些孩子从来没有领导他人的想法，而是时刻想寻找一个领导者跟随，当他们找到他们想跟随的领导者后，就会心甘情愿地服从。这种习惯是没有任何益处的。假如让这些孩子习惯顺从的性格受到遏制，我会甚感欣慰。需要注意的是：如果在童年时期孩子们的这种习惯得不到有利的引导甚至改变，那么他们在未来的生活中也一定不能担当领导者，最终他们只会成为一个碌碌无为的员工，总是受制于他人。

还有一些根本没有准备却遭遇重大疾病或死亡危机的孩子们，他们总是会对医学一类的问题抱有非常浓厚的兴趣。他们渴望当医生、护士或者药剂师。在我看来，他们不懈的努力也应该加以支持和鼓励，我发现，怀有这种志向并且成了医生的孩子们很早便进行了相关的训练，他们对自己的职业充满激情。而有些时候，有过死亡经历的孩子希望通过其他的方式得到情绪的释放。有的孩子希望通过艺术或文学作品的创作而获得永生。或许有的孩子会对宗教有着非常虔诚的信仰。

有些坏习惯，如懒惰、邋遢和散漫，同样形成于童年时期。当我们发现孩子经常在困难面前选择逃避时，就要用科学的方法找出其原因，一定要采用科学的方法寻找原因，引导他们进行改正。如果我们生活的地球不需要努力，一切唾手可得，那么懒惰会成为一种正常的表现，而勤奋反而会显得画蛇添足。但我们生活的地球是崇尚努力的，因此我们必须要努力工作，加强合作，勇于奉献，勤奋才是合乎常理的选择。人们对此通常是依靠直觉来理解，我们需要用科学的方式来分析问题。

在对儿童进行早期训练时，天才的身上表现最为突出，并且天才身上的问题让我们对这一点理解得更深刻。我们所说的天才是那些对人类社会做出杰出贡献的人。我们想象不出什么样的天才不能为人类带来丝毫利益。艺术是人类智慧的结晶，伟大的天才提高了整个人类的艺术水平。荷马在自己的史诗中只写了三种色彩，而它们却能帮我们区分地描述所有颜色。在荷马的年代，人们当然意识到了颜色的不同，但没人觉得有必要在意它们，更不要说给它们命名。而艺术家和画家这样做了。是谁让我们谈吐优雅、思想深邃，是诗人。他们丰富了人类的语言，并使人能在不同场合使用不同的语言。如果说天才是最富于合作的，应该无人反对。这些合作能力并非表现在他们的行为或言谈上。但是纵观他们的一生，我们可以看出他们是多么的善于合作。他们中很多人，一生命运坎坷，在成功路上磕磕绊绊，并且很多优秀天才身上都有器官的缺陷，好像他们生命的最初便是坎坷的，但他们通过自身努力克服了困难。特别注意的是，他们很早便对某一领域特别感兴趣，并专注于此。他们不断地磨炼自己的意志，广泛地学习并解决世界上的各种问题。从早期的训练来说，我们认为他们的天才和成就是自己努力得来的，并非遗传所致。他们在自己领域的奋斗，也让后辈受益。

对待职业的态度

儿时的勤奋为人生获得成功奠定了坚实的基础。假如你看见一个三四岁的小女孩独自在为她的洋娃娃缝制帽子，你就应该积极地鼓励她，告诉她如何才能将帽子缝得更好。受到他人的激励，她会有更大的兴趣去改良自己的手艺。但是如果你对她大声吼叫："快放下针，你会扎伤你的手。不会做帽子就不要做，我带你去买一顶漂亮的帽子。"她听后很可能会马上放弃。这两种做法导致的结果是：第一种情境下的孩子手艺会越来越好，并将缝制作为自己的爱好；而第二种情境下的孩子会认为自己肯定做不好，她会放弃自己动手，形成买来的东西就是好东西的错误观念。

如果生活在过分强调金钱重要性的家庭里，孩子们寻找工作时很可能会以工资的多少作为所从事职业的衡量标准。这是一种错误的看法。如果一个人将金钱作为自己追求的最终目的，那么他肯定不会奉献自己。为了挣得更多的金钱，他或许会采用非法手段导致犯罪，即便情况可能不太严重，他也会对社会和他人造成一些方面的损失。如今的时代复杂多变，很多人用旁门左道获取不义之财。即便他们成为富豪，我们也不必感到羡慕。虽然正直的人不一定能获得成功，但是我相信，正直的人生态度会使他们在未来勇往直前，自强不息。

有些时候，职业也成了人们逃避爱情和社会问题的一种借口。许多人总是以工作繁忙为由拒绝和他人交往，拒绝谈恋爱，这也导致了他们婚姻的失败。一个热爱为事业献身的男人，可能会认为："我将时间和精力浪费在事业上，因此婚姻失败并不是因为我的问题。"一些神经症患者就经常以职业为借口逃避自己的婚姻和社会问题。他们拒绝与异性接触，而且没有朋友，对周围的人也不感兴趣。他们只看中自己的工作和事业。不管白天还是黑夜，他们都致力于工作。由于长期生活在高压紧张状态下，他们的身体开始出现疾病，如胃痉挛。而这些疾病又恶性循环地成为他们逃避爱情和社会问题的另一个借口。有些人总是不停地跳槽转行，认为另一份工作更适合自己，结果却一事无成，什么也没有得到。

对问题儿童来说，最重要的是帮他们找到自己的兴趣在哪里。针对他们的兴趣所在，可以从整体上对他们进行鼓励。假如年轻人不知自己如何选择职业或者中年人在职场不顺时，我们需要做的就是帮助他们找到自己的兴趣所在，并真诚地为他们提出可行性的建议，为他们提供正确的指导。但这并不是容易的。目前来看，失业人数数量的上升得到了人们的关注。由此可见，我们周围的环境并不利于提升我们的精神。因此我认为，人们应该认识到合作的重要性，并且消除失业现象，使每个人都可以得到一份令自己满意的工作。在我看来，针对这种情况，我们可以开办一些培训学校、技术学校，兴办成人教育来令这种情况得到改善。很多人失业的原因都是自己没有拿得出手的技艺。这些人没有产生对生活和社会的兴趣。而社会中有很多没有一技之长或对公共利益没有意识的人，他们只能加重社会的负担。这些人明白自己毫无优势，也几乎没有什么价值，因此有很多受教育程度较低的人很容易走上犯罪的道路，或成为精神病患者，更甚者选择自杀。由于他们文化程度很低，他们的思想总是落于人后。这就让我们的家长、教师以及所有注重人类发展进步的人明白，受到良好教育的孩子，会在他们长大后更加容易地为自己找到正确的位置。

第十一章　人及其同伴

人类需要团结

最初宗教信仰的标志是图腾崇拜。在原始社会，蜥蜴、公牛或者蟒蛇往往是部落的图腾，这便是最初的宗教信仰形式。部分图腾相同的部落互相联合，将对方视为同胞。这样，原始社会人们之间的协同互助成为可能。每每到了宗教祭祀的日子，图腾信仰相同的人则会相聚一堂，共同讨论当年收获，商榷防敌减灾的方法。

我一直认为婚姻从来都不是一个人的事。在原始社会，婚姻往往成为团结部落利益的工具，每个男人都需要按照部落制度，娶部落外的女子成家。在现代社会，婚姻也赋予双方义务和使命，为了完成使命和义务，承担责任，他们生儿育女，抚养孩子长大。我想这应该也是自古以来婚姻一直为全人类所支持的原因吧。虽然今天，我们发现了很荒谬的事实，那便是，原始社会的婚姻往往被图腾、风俗和原始制度束缚，但毫无疑问，婚姻在原始社会起到的作用不容忽视。毋庸置疑，婚姻给人类发展带来的推动力不容小觑。

从基督教的一条重要条款“爱你的邻居”中能够看到基督教徒对合作的重视。若抛开宗教信仰，在纯科学中也强调合作的价值。缺乏合作精神和自私自利的人注定失败，因为他们对他人漠不关心。比如被宠大的孩子，很可能会说："我为什么爱我的邻居？他爱我吗？"从孩子的言行便可以对未来进行预测，由于缺乏合作精神，在遇到重要问题时，孩子往往会为了保全自己而不惜做出伤害他人利益的事情。不同的宗教、不同的组织有自己合作的方式，不管通过什么方式，只要合适便都可以实现人们间的合作，因而很难说哪种合作方式是真理，但是，我要给予那些将合作当作自己人生目标并为此不懈努力的人以深深的敬意；而看不上互相争论、贬损旁人这种做无用功的行为。

政治和社会活动

无论政治制度如何纷繁复杂，它们都具有一个毋庸置疑的共同点，那就是若缺少了合作精神，无论是谁当政，都不能长远，也不会有显赫的政绩。人类之所以区别于其他物种正是因为人类具有相较其他物种更高程度的合作，不同观点的政客均将促进人类发展作为最终目标。和宗教类似，不同的政党人生观不同、执政方法不同，很难断定哪个政党执政更好，但是我认为，能够让党内人士更加合作的政党就是好的。而对社会上的其他活动，也可据其是否培养合作性来评判。若参与活动是为培养自己的孩子成为国之栋梁，成为更有使命感、更尊重国家文化、尊重传统的人，就可以认为是正确的，于国家未来发展也是有意义的。从合作的角度看，某些阶级运动确实促进了人类的合作和发展，因而我们对于这些阶级运动的评判，也要一分为二，不能太过片面。那么我们应当如何对阶级运动进行评价？我认为，只要以促进人类合作为目的，不管方法如何，我们都不应予以反对，因为最终结果必然是促进人类的发展和合作。

利己主义

毫无疑问，社会上存在那些自私自利之人，而这种人于个人于集体的发展，都将会是阻碍，因而，要坚决反对自私自利的态度。为促使人类不断向前发展，必须通过大肆宣扬使周围的人互帮互助互爱。语言是人类共同努力的结果，也是人们交流的工具和产物，人与人之间的交流就是要说话、读书、写字。相互理解是整个人类之间的事而不是个人私事。理解的内涵就是通过与人分享的形式让人们弄懂语言所表达的含义。

世界上总有那些一直以追求自身利益为奋斗目标的人，他们往往只为自己谋得发展，在他们看来，人生而谋求个人利益。然而，这种观点却并不能为大多数人所接受。因此，不难发现，这样的人和周围的人沟通存在困难。当我们遇到这种只考虑自身利益的人，定会在他们脸上寻找到就像在罪犯和精神病人脸上出现的那样怀疑和迷茫的空洞表情。他们从不会通过眼神与人交流，甚至他们对世界的感知也与一般人不同。因而，他们从不关注别人的表情和眼神，而是将目光移向他处，对周围的人嗤之以鼻。

心理障碍

通过和神经症病人的沟通，我们发现病人之所以常常出现一些包括诸如脸红、结巴、阳痿、早泄在内等强迫的症状，是因为他们很难与他人沟通交流，而这一沟通障碍产生的主要原因是他们对他人没有任何兴趣。

精神病其实是发展到最严重程度的自闭症。因而，精神病也并非不可治愈。若他人的帮助使他对与别人沟通产生了兴趣，那么这个病人痊愈的日子便指日可待。然而，治愈这种病绝非易事，因为精神病患者相较于自闭症患者，内心对社会的疏远更甚，这是那种类似自杀之人的疏远。想治愈病人，首先要做的就是用一颗善良和仁慈的心加以耐心引导，使患者愿意与我们合作。我曾经被邀请治疗过一个患病 8 年却从第七年开始才被送进医院的患有精神分裂症的女孩。那时，她近乎癫狂，学狗叫，撕衣服，四处吐口水，甚至产生过想将手帕吞进肚子的想法，从她的状态中可以看到她对任何人几乎都没有兴趣。不难理解，在她的世界里，她认为自己像一条狗，因为她认为母亲对她的做法就是在对待一条狗。她的所作所为好像是想告诉周围的人："和你们这些人接触得越多，我就越想成为一条狗。"我一直和她聊了 8 天，然而只是我自己在说，她什么都不说。但我没有就此放弃，仍在坚持和她谈心，一个月之后，她终于开口，尽管那是些混乱且不能为常人所理解的言语，但不得不提，我与她谈心的友好，给了她不小的动力。

虽然因为别人的鼓励患者终于产生勇气，但依然不清楚应该怎么做，这是由于患者心灵深处对他人太过排斥敏感。我猜测那个女孩之所以想尽一切办法去制造包括摔东西、袭击医生在内的一系列麻烦，正是她试图面对生活却又不想与他人合作的表现，就像一个问题儿童那样。和她聊天时，她曾袭击我，但我接受她的捶击，继续用友好的眼神望着她而没有任何反抗，她露出惊讶的表情，我的表现显然让她出乎意料，因而她渐渐停止动作，反抗的情绪也随之慢慢消失。虽然这一行为将她的勇气唤醒，可是她依然不知道该怎么做。她打碎了玻璃，再用碎片割破自己的手指。然而，我依然没有丝毫责备之意，反而替她包扎好手指。通常面对一般患者的这种行为，医护人员会将他们关起来，但显然这并不是最佳疗法。而要治疗和女孩情况相近的精神病患者，则要采取不同于普通病患的方法，这是由于精神病患者和普通患者对同一状况的反应并不一样，故而往往表现为精神病患者会激怒我们。其实，最好的方法便是，每每他们有类似绝食或撕衣服等怪异举动，不应该训斥他们，而应接受他们的行为。除此别无他法。

不久后，她恢复正常，一年观察期，她依然很正常。某次，在去那间她接受过治疗的医院的途中偶遇，她跟我打招呼："您这是打算往哪去？"我回道："我打算去那所你曾待过两年的医院，不妨和我同去吧。"因而，我俩一同前往那所医院，在那里碰到曾给她治疗的医生，而我碰巧要给其他病人看病，于是便让他陪她聊聊。然而，当我给病人治疗完回来，便发现他感觉不快。

我问他为何不快，他回我道："我替她感到高兴，因为她确实已经康复，但是让我不高兴的是，我发现她并不喜欢我。"随后的10年，我经常碰到她，此时她已工作，自己养活自己，也和他人相处得很愉快，彻底康复而没有一丝不正常，任何人都想象不到她曾患有精神病。

和别人相疏远的表现在妄想症与忧郁症患者身上体现得尤为明显。妄想症患者认为别人总会联合起来跟自己对抗，因而他们抱怨任何人。然而抑郁症患者，往往看起来过于自责。比如他们常说"是我破坏了我的家庭"或"都怪我把钱全丢了，孩子会挨饿怎么办"。然而虽然看起来他们是一直在责备自己，但那不过是用来演戏的而已，其实他们真正责备的是别人为什么要破坏他们的家庭、偷走他们的钱包。

一次意外使一个影响力颇大的女性，再不能参与社交活动，此时她的女儿们均已出嫁，再加上她丈夫的突然离世，这一连串的打击与之前的一直备受宠爱形成巨大反差，于是她异常落寞。她环游欧洲试图寻回失去的一切，然而她再也不能感受到之前的感受，因而，旅游途中她患上了忧郁症。她主动联系女儿们，想她们回家探望，然而她们却各自找了理由都没有来看她。她常常唠叨："女儿们对我都很好。"其实了解情况的人都明白她的意思，她在责怪女儿们只是为她雇了保姆，偶尔来看看她，让她自己住。抑郁症患者之所以对别人怀有责备和怪罪，只是出于想得到关爱认同的想法，因而只好对自己的罪过失望又无奈。抑郁症病人通常有"我记得一次在我将要躺在一把长椅上的时候，我兄弟抢占了它，于是我开始哭闹，最终他让给了我"这样的记忆。为了防止抑郁症病人通过自杀来实现对他人不满进行报复这一目的，医生首先要做到的就是不给他们自杀提供任何理由。当自己解决这类问题时，我告诉自己："无论何时都不要去做自己不喜欢的事。"这句话看起来通俗易懂并没什么特别之处，可是却是解决问题的本源。试想假如抑郁症患者能做任何他们想做的事情，那他们还想要报复或者责备些什么呢？我对患者说："如果你是真的想去戏院或者度假，那没什么好怕的，去就去，可是假如你认为你走到半路上会后悔，那便不要去，因为你并不是真的想去。"当你做自己想做的事情时会觉得自己像神仙一样快乐，因为可以想做什么就做什么。其实任何人均能达到这样的境界，满足对优越感的追求。可是，这种境界往往会和人生观相背离。他们想控制别人，但是假如人人都听从他们，那他们便没必要非要控制别人。这种方法屡试不爽，我的病人从不自杀。其实，找人看管他们，却又不严加看管，才是最好的办法。有人在旁边看管时，病人便不会发生危险。当我发表自己观点时，病人时常会说：“然而我并没有什么喜欢做的事。”听过太多此类的话之后便有所准备，再有患者这么回答，我会说：“那你就保证自己每天不做自己不喜欢的事情就好。”也有患者这么回答：“我只喜欢躺在床上。”假如我建议他们就这么做，他们必然不会照做。假若我不让他们这么做，他们势必会反抗我。因此，我顺着他们的意思，这也是方法的一种。另外，假如采用另一种方法，直接挑战人生态度，我会告诉患者，按我说的去做，我能保证你将在两周之内痊愈，但是你要记住的是，你需要每天都要给别人带来快乐。试想，我这么说他们会如何回答，要知道他们平时思考的都是，我该如何给旁人制造麻烦。有的病人回答：“这没什么难的啊，我向来如此。”然而，事实上，他们并没有这么想。我想让他们好好思索这个问题，可是他们却不会照我的意思去做。于是我对他们说：“当你没在睡觉，不妨尝试思考如何能令别人高兴，这样做对你的治疗与康复很有帮助。”改天我再问他们：“你们认真听我的建议了吗？”他们回答：“昨天一回家就睡了。”当然，在和患者交流、沟通之时必须语气温和、友善，而不能有任何训斥的语气和想法。也有患者回答：“我可没时间思考如何能让别人高兴，毕竟我还不高兴呢。”那么我就回答：“那你便继续烦你的，但是假如有时间不如为别人考虑一下。”我试图将他们的兴趣转到别人身上。但也有患者反驳：“他们并没有使我高兴，那我又为什么要想办法让他们高兴？”此时我会回答：“但你要为自己的健康着想啊，因为你若不为别人想，让别人开心，你的病就难好。你自己也不好过啊。”观察众多病患，很少有患者回答："我已经好好思索过你的提议了。"我知道他们得病的原因主要是缺乏与人合作的能力，我的所作所为都是试图提高病人对社会交往的兴趣，同时也试图让他们明白：倘若他们能做到在平等合作的前提下和人沟通，那么他们便能痊愈。

过失犯罪

社会交往能力的缺乏，很有可能是过失犯罪的诱因。例如，一根还在燃烧的火柴，倘若被一个男人随手扔到森林里，那么一场大火很可能被引发，抑或最近发生的，工人将一段电缆暴露在外就回家了，一辆经过的摩托车恰巧撞了上去，导致驾驶人当场死亡的惨案。在道德意义方面来说，肇事者均未怀着害人的念头，无可厚非。但从生命安全方面想，他们都因为没有为他人的安全考虑而采取任何防范，这也体现出他们合作精神的缺乏。如此种种，数不胜数。诸如，衣着破烂的孩子踩了旁人的脚、摔碎玻璃杯、损坏公物等等。

社会兴趣和社会平等

由此前关于影响孩子成长的因素的讨论不难得出，为孩子们培养合作精神的最主要场所是家庭和学校。尽管遗传对个人社会责任感的影响并不大，但却影响责任感的潜能。父母对孩子教育的方式、关爱孩子的程度、孩子对所处环境的判断影响社会责任感潜能的激发，而这些与遗传关系密切。倘若身旁的人都被他视作敌人，他认为自己生存在敌人的包围中，那他必然不愿意和所谓的敌人成为朋友，自然也没有人希望和他成为朋友。假如他认为自己能够掌控身边任何人，那他依然时刻思考怎样控制而远不是怎样才能帮助旁人。倘若他的关注点在身体或感觉是否舒服，如果他认为并不舒服，那么他依然不会跟别人交心。

综上所述，家庭方面，只有父母相处和睦，同时尽可能延伸融合的气氛到家庭之外，孩子才能真正把自己视为家庭一员，才会对其他人怀有爱心并信赖他们。而在学校方面，应该和家庭教育一样，为实现同学间的友好相处、互相合作、互相学习，就应让孩子将自己看作学校的一员。无论是家庭教育还是学校教育，最终目的都是能让孩子步入并适应社会。因而，家庭和学校就应以把孩子培养成社会也是人类中平等的一员为责任。只有如此，他们才能为社会做贡献，面对挫折时才能有信心有勇气。

倘若一个人拥有美好的婚姻，有一份对社会有价值的工作，周围有不少好友，也有不少人视其为朋友，那么他会觉得世界很美好，也不太会有自卑感或者挫败感。当他遇到挫折的时候，因为周围都是朋友，他往往也能得到不少帮助。他一直认为："大家共同拥有这个世界，挫折其实并不可怕，只要我们不观望退缩而是互相帮助，齐心协力。"他懂得，自己是属于过去、现在和未来这个整体的一部分，而目前所在的世界也仅仅在历史的长河中占小小一段，他也会思考，这个世界上的确有挫折、罪恶、不公和困难的存在，但它们确实存在，我们无法改变。我们依然要在这里生活、工作，我们所能做的便是思考如何超越自我、奉献自我才能使这个世界更加美好。我认为，最有意义的事情便是能让所有人都能用如此积极的态度面对自己应有的责任。

以合作的方式担负起解决生活中三个问题的责任，就是我们应有的责任。必须作为良好的工作者、所有其他人的朋友和爱情与婚姻中的真正伴侣，这就是我们对于一个“人”的所有要求，以及我们能够给他的最高荣誉。简而言之，他必须证明他是人类的一个良好的同伴。

第十二章　爱情与婚姻

爱情、合作与社会兴趣的重要性

关于适龄男女是否适于婚姻生活，在德国某个地区有一种古老风俗来判断。在婚礼前，新郎新娘被带到一块有一棵被砍倒的树的空地上。他们要用一把两端有柄的锯子，将树干一分为二，以此来测试出他们彼此间的合作程度。作为两个人共同的工作，不懂合作的两个人将会持续僵持，一事无成。如果其中一个人稍微强势，什么事都要亲力亲为，而恰好另一个甘愿弱势，这件工作将事倍功半。因此只有当两个人配合默契、协调一致、目标相同，才会达到事半功倍的效果。这些德国农人深谙合作是婚姻第一要素的道理。

可以从爱情与婚姻是为人类幸福而进行合作的这一角度出发，对本课题进行全方位地研究。即使是肉体吸引，爱情与婚姻这一最为重要的推动力，也是人类必不可少的发展。我常说，由于客观自然条件的限制，人类并不能永远在这个地球上生活。延续人类生命的唯一方法便是繁衍。因此，我们具有生育能力，不断受到肉体吸引是十分必要的。

今天，我们发现爱情依旧面临许多困难与纷争。已婚夫妇，原生家庭父母，整个社会无不关注并参与着这个问题。因此，若要得出正确的结论，我们就必须采取客观公正、不偏不倚的方法，尽力忘记原有知识和以往经验，尽力自由而全面地讨论，不受其他思想的干涉。

当然，这并不意味着我们可以把爱情和婚姻的问题当作一个孤立的问题来进行判断。无论谁，都不可能只凭他个人想象去解决问题。一个人不可能根据自己的观点找到解决问题的办法。因为，事实上，每个人都会受到某些确定框架的限制，他只能在这种框架下发展，任何决定就必须根据这一框架做出。我们已经看到，这三个联系主要来自这样一个事实：（1）我们生活在宇宙中的某个特定地方，必须在环境的限制和可能中发展；（2）生活中的我们必须学会适应别人；（3）人类有两性，两性间的良好关系奠定了种族的未来。

显而易见，当一个人对他人表示关怀，关注人类幸福，那么他便会以照顾他人利益的方式去做任何事情，尽力解决爱情和婚姻的问题，好像这样也涉及别人的幸福一样。他不一定知道自己在解决这个问题。如果问他，他可能自己也不会明白自己的目的，但他会自发地去追求人类的幸福与进步，我们可以在他的各种行为习惯中看到他的这种兴趣。

而有的人对人类幸福却不甚关心。“我能为别人做些什么？”“我怎样才可以融入团队？”他们从来不把这类问题当作自己的潜在哲学，相反，他们在问：“生活给我了什么？他们重视我了吗？我是否得到了充分的肯定？”如果一个人以这种态度来面对生活，他在处理爱情与婚姻问题时，也会尝试用同样的方法去做。他只会在乎：“我能从这场关系中得到什么？”

大多数心理学家认为爱情纯粹是本能，然而我认为并非如此。性欲是一种驱动力，一种本能，但是爱情与婚姻并不仅仅是为了满足这种驱动力。无论如何来看，这些驱动力和本能都已经得到发展，它们变得高尚文明了许多。我们抑制了一些欲望和贪念。例如，我们通过社会行动避免触犯我们的同伴，我们也学会了如何打扮得看起来得体大方，甚至饥饿时也不会毫无顾忌地狼吞虎咽；我们有了雅致的品位和适当的餐桌礼仪。我们的驱动力已与我们的共同文化相得益彰，共同反映了我们对于人类利益和社会生活所做出的点点贡献。

如果我们从这个角度理解爱情和婚姻问题，我们会再次发现：它涉及了所有人的利益、全人类的兴趣。这是一种基本兴趣，除非我们充分考虑人类幸福，以开阔的视野去看待，这一问题才能得到充分解决，否则，爱情婚姻的任何方面做出妥协、创造新的制度和机构，都毫无益处可言。也许我们能改进，也许我们为这个问题可以找到一个更圆满的答案，只要找到稍好的答案，这就更好，因为它们会更加全面地顾及这一事实：人类生活在由两性构成的地球上，合作是生存所必需的。只有考虑到这些，他们的决策才能经得起考验。

夫妻是平等的伙伴关系

在这个问题讨论之前，我们已经认识到婚姻是一种需要男女双方高度合作的工作，而且对于大多数人来说，这是一份全新的工作。我们在结婚之前，可能学会了自立，有了团队意识，但我们很少知道如何成双成对地融洽合作。所以，想要结婚后就能很融洽地配合对方其实是一件很困难的事情。如果俩人比较有默契，能够主动关心和理解对方，那问题就比较容易解决了。因为如此一来，他们便很容易对彼此产生兴趣。

换句话说，为了确保夫妻关系的和谐，我们需要更多地关注对方而不是我们自己，也就意味着，我们应该给予对方比自己更多的照顾。只有如此，我们的婚姻才会是幸福的，也仅有如此，我们在婚姻中的错误才可以被感受到。在婚姻中，我们只有给对方的关心超过自己才有可能是平等的。如果两个人互相体谅，那么婚姻中就不会有束缚或自卑。我可以肯定地说，婚姻关系要想平等，双方必须有这样的态度。因为只有当我们努力为对方付出了，对方才会感受到安全感和自己存在的价值。更重要的是，我发现婚姻幸福有一个基本前提：让对方感觉到自己是最有价值的，自己是被需要的（最优秀的）；自己是对方最好的伴侣和朋友。这种感觉，需要你用实践来证明。

在婚姻中，无论谁都不想扮演次要角色。如果两个人生活在一起是控制和被控制的角色关系，那么婚姻注定是不幸的。在现代社会，许多男人，甚至许多女人，还依旧认为男人是一家之主，女人需要依附男人生活。我认为这就是为什么很多婚姻都是不幸的。没有人愿意毫无缘由地服从于别人。在婚姻中，幸福的保障是平等的地位，只有这样俩人才可以共患难。比如在后代问题上，俩人也最好达成共识。夫妻二人需要认识到，如果他们没有孩子，那么他们组建的家庭对于人类的发展将毫无意义。在孩子的抚养问题上依旧如此，如果婚姻破裂，要及早考虑对孩子心理的伤害程度并做出预防。要知道，任何不幸的婚姻都不利于孩子的心灵发展。

如今，因为婚前没有任何准备，许多夫妻婚后都不知道如何处理这种合作关系。婚姻是一种特定的合作方式。日常，我们的教育往往太过重视成功，往往忽视了自己能付出多少，而过于关心自己得到了多少。当两个人结婚后，这种想法会渗透到婚姻的经营中。如果俩人能够坦诚相待，他们可以亲密无间；但如果他们仍然各怀私心，便注定不会幸福。对许多人来说，这种特殊形式的合作，是他们第一次接触到，所以很难第一时间将关注点放在对方的兴趣、爱好、理想上，因为他们婚前并没有足够的时间与意识去做让自己适应关注点转变这种事。这是可以理解的。这样，成年夫妻在生活中经常发生争吵也就很好解释了。我们应该做的就是认识到这一点，进而避免这种事情再次发生。

对于婚姻的准备我们不能一蹴而就。通过观察一个孩子的行为和态度我们可以预测他们成年后为人处世的方式。一般人在五六岁时就形成了对爱的基本认识。但这不是关于性，而是他们意识到爱和婚姻是人生的一部分。因为孩子是在爱和婚姻中长大的，这种意识便自觉渗透到他们的思想中，并逐渐对这件事情有了自己的理解。

孩子在儿童时期时对异性表示喜欢并拥有自己的“另一半”时，大人切忌取笑或将其视为性早熟。在我看来，这正是为爱情和婚姻做的早期准备。我们不仅不能忽视，还要及时地积极引导，要让孩子借此明白，婚姻是人生中很重要的一件事，婚姻可以让我们有机会为人类做出贡献。及早地为其做出准备是好的，只有这样，我们才能让他们在早年知道他们和他们的伴侣在未来的婚姻生活中要相亲相爱。未来，我们也会发现这些孩子都会成为一夫一妻制度的忠诚拥护者，即使他们的父母没有幸福的婚姻，但得到这种良好引导的孩子很容易在成年后拥有完美的婚姻。

许多人主张对孩子进行早期性教育，对此我持完全否定态度。我不知道为什么让孩子过早了解性知识，或了解超出他们理解程度的事物对孩子的成长是有帮助的。孩子的婚姻观非常重要，但如果过早干涉或者干涉太多，对于他们的性认识将毫无益处。据我了解，许多接受过性早教或性早熟的孩子，在成年后往往会对爱情和婚姻产生恐惧。在他们看来，身体的吸引力是可怕的。但是如果在孩子长大的时候再让他们了解更多关于性的知识，那么这种问题就不会发生了。不要欺骗孩子，或刻意回避他们提出的问题。作为一个成年人，我们知道他们问的问题的本质，我们应该告诉他们想知道的和他们能理解的内容，而不是和孩子毫无顾忌地谈性。问题背后的本质需要通过他们自己慢慢去了解。一些家长担心孩子的朋友会给他们的孩子一些不适当的信息，使自己的孩子被误导。但是亲爱的父母，如果你的孩子在其他方面都表现得很好，那么在这个问题上基本不需要担心。因为一个受到良好教育、可以独立思考的孩子，不会轻易被言语所诱惑。对于周围朋友说的那些话，他们会有自己的识别，不会轻易相信。如果他们不理解，他们会求助于自己的父母或者兄弟姐妹。当然，我们无法否认，在这些敏感问题上，孩子的表现往往比大人更羞涩，也常常不愿意寻求帮助。

童年已经显示出成人的异性相吸。孩子会被异性的身体吸引，进而引起对异性的喜欢或好感。如果一个男孩子被母亲、姐妹或者身边女孩吸引，那这种感觉会影响到他日后的择偶观。有时，孩子也会迷恋上动画中的虚拟人物，认为他应该在未来找个这样的伴侣。所以，我们可以说，在未来的伴侣选择中，个人并不是完全自由的，他们会把早期的印象联系在一起，并以此为标准进行选择。但这种对于美好事物的追求并不是毫无意义的。我们一直把美貌和健康作为美学基础，而且我们自己也在努力地成为这样的人。在我们看来，美是永恒的，是对人类有贡献的。希望自己的孩子长大后是一个美好的存在是我们共同的愿望，这也正是美的魅力所在。

如果在现实生活中，夫妻关系不是很和谐，那么就很容易出现女孩与父亲关系不好或男孩与母亲关系不好的现象。这就导致他们极有可能找寻一个与自己的父母性格完全不同的配偶。比如一个男孩的母亲强势而严厉，而男孩软弱，经常被人欺负，那么，他长大后就不会喜欢看上去严肃或者凶狠的女人。这是很可怕的，因为他会刻意选择软弱听话的女孩子交往。可以想象，这样不平等的婚姻关系注定不会幸福的。如果他十分想证明自己很强势，他可能会寻找一个看起来足够强势的女人，然后抑制她，并征服她，以凸显自己的强大。因为与母亲的关系不好，那么长大后，在爱情或婚姻中他也会常常遭受挫折，甚至不受女人身体吸引。更有甚者，可能对女性变得抵触。

当然，如果父母的婚姻幸福美满，孩子对于婚姻就会有更大的信心和憧憬。要知道，孩子对于婚姻了解的第一手资料是从父母那里得来的。一个孩子如果在一个支离破碎的家庭，将承受更多的磨难。如果父母不知道如何经营婚姻，又怎么能期望自己的孩子可以很好地处理这些问题呢？在我们考虑一个人是否适合结婚时，最好看看他的成长经历和他身边的家人朋友对他的评价。最重要的是，他谈到婚姻的条件。一个人对环境的看法很重要，这将决定他的思想。因此，我们应该谨慎对待孩子成长的周围环境。记住，我们不是在考虑一个人的成长环境，而是在考虑一个人对环境的看法。因为一个人可能生活在一个不太美满的家庭，经历了许多艰难痛苦，但这可能激发他对美好生活的向往。因此，他将努力使他的婚姻美满，他可能努力地为自己的婚姻做好准备，我们不能一个人因为有过不幸的家庭经历就断定整个人的想法。

自私是对婚姻的大不敬。如果一个人在婚姻中只考虑自己，只想着自己如何获得快乐和幸福，而不愿意被婚姻束缚，更不愿意为另一方考虑，这样的婚姻注定会失败。这种办法不可模仿。因此，在恋爱时，我们不能只为了自己，而不顾别人。如果婚姻和猜忌交织在一起，那便注定不会幸福。婚姻是一生的合作，如果此生没有给彼此任何承诺，就不算真正的婚姻。当然此处的承诺并不只是我们常说的对爱情的执着，还包括养育子女的决心，和将子女培养成优秀的人的耐心。我们应该明白，下一代的培养是婚姻幸福的意义。婚姻同样有固定规则和限制，如果我们任何一方不遵守规则，就无法收获幸福。

如果我们试图对婚姻保持试试看的态度，或者将一段婚姻作为试婚，事实上这样根本就感受不到真正的婚姻幸福。换句话说，如果婚姻双方都有各自的回旋余地，他们就不会为对方付出一切。我们不可能要求所有人对所有事都采取回避态度，婚姻也是一样的。许多人在婚姻中都很自私，总是尽量避免责任。这种逃避和退缩会损害到对方的利益，使对方失去对婚姻的信任，从而不愿履行最初的承诺，致使以分手或者婚姻破裂而告终。在我们日常生活中，对婚姻产生影响的事情有很多，使得我们的婚姻并不那么顺利。对于这些问题，人们想尽办法，却总是无能无为。但是，我们不应该逃避或放弃，而是要继续寻找解决问题的办法。情侣之间，应该遵循一些规则，如忠诚、真心、相互依赖、无私心、为对方着想……疑心太重的人不适合结婚。婚姻双方如果都希望保留自己的私密空间，就不会拥有真正的婚姻。我们既然选择了婚姻，就代表着不能再像单身那样自由随性，而是要考虑彼此之间的合作关系，顾及彼此。例如，一对夫妇都是高素质的知识青年，但他们的婚姻并不幸福，最后以离婚告终。随后他们都开始寻找新的伴侣，可是他们并不知道自己上一段婚姻为什么失败了。事实上，他们希望自己的婚姻和谐并为此努力着，但他们却忽略了什么是责任。他们不想像传统夫妇一样被婚姻所约束，他们希望享受现代婚姻的自由，所以他们达成了一些协议：双方各有自由，可以做任何自己想做的事；双方都要完全信任对方，不能欺骗和隐瞒。

以上导致丈夫更加风流不羁。他每天回家后，都会和妻子分享一些自己在外的花边新闻。妻子并不嫉妒，也不生气，反而称赞她的丈夫很有魅力，甚至很羡慕丈夫这种丰富多彩的生活，也想要如此。但在她改变之前，她便患上了广场恐惧症。从那时起，她只能待在家里，不敢独自外出。一出门，就有一种害怕的感觉，不得不回家去。广场恐惧症让她不可能像有“花边”的丈夫那样生活。但这并不是最糟糕的。因为她不能单独外出，丈夫不得不陪伴在她身边，也失去了原来的自由。可以说，她患病是由于没有正确理解婚姻。如果她想要好起来，就必须重建对婚姻的认识，她的丈夫亦是如此。只有当他们建立起合作关系时，婚姻才会幸福。

知道如何交朋友是婚姻的良好基础。在游戏中，孩子可以学会如何与人合作，这将有助于他以后的整个人生。但令我感到不安的是，现在孩子们之间的游戏大多是具有斗争性或竞争性的。因此，作为家长，最好是创造一个合作的环境，让孩子们可以一起做作业，一起学习，一起读书。此外，我想强调一下舞蹈对于孩子发展的价值。舞蹈要求至少两个人的合作和参与，这对孩子的成长是极其有利的。当然，我所指的是专门为孩子们设计的简单舞蹈，而不是那些具有表演性质的舞蹈活动。

工作也是可以为婚姻做准备的事情。在我看来，良好的婚姻准备包括良好的工作准备。婚姻中至少有一个人，在结婚前应该有份工作，来保证日常的生活开支，因为经济基础是一个家庭形成必不可少的条件。

不适合结婚的人

有些问题在结婚前就已经产生了。一些被宠坏的孩子，因为不懂得婚后如何调整自我，摆正自己的角色，在结婚后常常感觉被遗忘。还有一些傲慢的孩子在婚后容易成为控制者，使得伴侣有被支配、被控制、想要反抗的感觉。如果夫妻两人都是被宠溺长大的孩子，那么他们的婚姻生活会糟得更加离谱。因为他们彼此之间不知道为对方着想，又想让一切都以自己为中心，所以常常体会不到幸福感。在这种情况下，双方将逐渐从婚姻外找寻让自己感受到被欣赏、被关注的崇拜者，而婚姻也因此变了味道。有些三心二意的人，会把爱同时放在几个人身上，而不仅仅是爱一个人。只有这样，他们才会感受到自由，他们从一个人身边游走到另一个人身边，而且不肯背负爱情的全部责任，最终只会一无所有。

有些人常沉浸在自己对爱情的幻想中：所经历的爱情浪漫而刺激，暖心而动人。这样的人不能正确地认识现实的爱情，更不知道如何对待现实中的另一半。对于浪漫爱情的幻想使得这些人在现实中找不到真爱。因为在现实中，并不存在这种浪漫的婚姻。另一些人在成长中遇到了一些问题使他们对自己的性别感到不满。结果，他们开始压抑自己的性欲，这样的人是没有性幸福的。这就是我之前说过的，因为过分重视男性而引起的“男性倾向”。在现代社会，由于过高地估计男性地位，最容易造成这种错误。如果孩子对自己的性别感到厌恶或否认自己的性别就会失去安全感。如果在一个人心中，男性是力量和强大的象征，那么其本身无论是男孩还是女孩，都会对男性产生敬慕。他们会怀疑自己是否具有扮演此角色的能力，会过度强调男性化的重要性，并设法避免自己被其他人检验关于男性化的程度。在现实生活中，我们遇到了一些孩子，他们对自己的性别充满了不认同的态度。这可能是由女性冷淡症或男性萎缩症所引起。这些人会通过身体上的抗拒来拒绝爱。如果他们不承认男女平等，那这种事情是不可避免的。很多人在现实中会找到充分的理由来不认同自己的性别，这将是他们婚姻中最大的绊脚石。而且，只要有一半的人类对其地位感到不满，婚姻的成功就依然有很大的障碍。如果想要消除这一障碍，就必须认识到男女平等，进而消除自己对性别角色的不满。

在我看来，对于婚后幸福的最大保证那便是婚前无性行为了。因为很多男人在潜意识中都不愿接受自己的女友不是处女。有时候，他们甚至会怨恨他们的女朋友不再是纯洁的。对于女性来说，如果发生了性行为，就会承受相对较大的心理压力。她们很可能因为恐惧而结婚，而不是因为爱，这样会给婚姻带来很多不必要的麻烦。我们要知道，促使结婚的应该是勇气而不是恐惧。如果一方因为恐惧而结婚，那婚后的合作也将不会和谐。如果夫妻双方的地位或者素质不太相称，就会引起弱势一方的恐惧，影响婚后的和谐合作。

朋友对孩子的成长是非常重要的。在交朋友的过程中，孩子们可以学会交流、分享和倾诉，可以懂得如何推心置腹，如何体会到别人的心情和感受。如果一个孩子受到全面的保护，在全方位监视下长大，没有朋友和同学，他就永远不知道如何换位思考体谅他人，为他人设想。他长大了会让他觉得自己是世界的中心，所有人都围绕着他转才行。交友可以为婚姻做好准备。因此，作为一个家长，可以培养他的孩子在游戏中的合作能力。就像前面提到的，现在很多游戏都是竞争性的，不利于合作能力的培养。所以，父母最好为孩子选择一些两个孩子共同完成的活动。因此，舞蹈是对孩子很有帮助的训练，当然我所指的并不是个人表演性质多于两人合作的舞蹈，而是专供孩子合作的两人舞蹈，这对于他们的成长有着很大的帮助。

如果想要分析一个人如何处理与异性的关系其实是很容易的。每个人对待异性的方式都是不一样的，其中包括表白方式和求爱方式等。但是他们中的大多数都与他们对生活的态度是一致的。所以，通过一个人在恋爱中的举止，我们可以预测他们对于未来人生的态度，包括他们是否善于与人交流合作和他们是否以自我为中心。一个男人在恋爱时，他们可能会对爱慕的人保持谨慎或热情。他们的行为总是符合他们的人生观。当然，这种关系并非决定性的，我们不能完全凭一个人在求爱时的表现就判断其是否适合于结婚。因为在恋爱中，他们有着示爱的对象，但是在其他的社会场合中，他们可能沉默寡言，冷漠不语。但是我们从一个人求爱的表现中多多少少可以了解他们的性格。

在我们的文化背景下通常认为，在爱情中，男人应该主动点，先表达出爱意。因此，在这种文化背景下，主动表白、毫不犹豫、果断勇敢，就好像应该是男孩的事情一样。虽然女孩子也可以示爱，也可以采取活动。但西方传统观念里，女孩子还是被期望表现得举止含蓄一些，而且她们的想法最好是通过委婉的方式表达出来。因此，她们对男性喜欢的表达仅限于谈吐举止，风姿仪态，穿着打扮。我们可以这么理解：男人要勇敢直白地表达爱，而女孩子则要委婉暗示地表达。

现在，我们可以再进一步地讨论了。夫妻之间的性吸引是必要的，是可以依照人类幸福进行打造的，这种吸引力越强，夫妻对彼此兴趣应该越浓。如果夫妻之间性吸引力很弱，只能说明他们对彼此不感兴趣，或者缺少信任与和谐，不再合作，也不愿充实伴侣的生活，那么他们的婚姻也就不会幸福了。大多数时候，在局外人看来，他们似乎很和谐，但他们确实缺乏彼此的身体吸引力。有时候，人的语言、行为举止是可以说谎的，但身体总是很诚实。如果身体上不再受彼此的吸引，那就意味着两人少了一种共同语言，两人的婚姻已经失去了活力，至少其中一个人对婚姻没有了兴趣。他们不再希望解决爱情和婚姻的问题，而只是寻找逃脱的方法。

人类与动物不同，动物的性并非持续的，而人是持续的。这就为人类的幸福提供了保障，也保证了人类的延续。人类数量的不断增长，人类生命的不断延续，并以其强大数量度过种种浩劫，都源于此。而动物则选择其他繁殖方式，我们发现有许多雌性动物都通过大量产卵的方式来繁衍后代，虽然大部分卵在孵化成活之前已被破坏，但总有一部分被保存了下来最终成为生命。生儿育女一直是人类的繁衍方式。而我们渐渐发现，只要有正确的婚姻观，对婚姻幸福关心的人，都会愿意生育，而不想生育后代的多是在整个人类发展过程中有意或无意地表现出对婚姻反感的人。只问收获不会付出的人是不愿意生儿育女的。因为在他们看来，与其将时间花费在孩子身上，还不如花费在自己身上。孩子是生活的负担。而这样的人，一般拥有的婚姻都是不幸福的。因此，孩子的出生在婚姻中是必不可少的。同时，孩子可以使婚姻更加幸福，而且，和谐的婚姻能够为后代提供好的成长环境。我们所知道的，养育人类未来一代最好的方法便是婚姻，所有的人类婚姻都应铭记这一点。

一夫一妻制的婚姻关系需要夫妻间和谐而有爱的关系。它需要双方互相真诚，相互信任，以及给予对方足够的关注。因此，若双方诚心实意的开始，那么其基础一般不会被破坏。然而，我们也知道，这种关系并不是没有破裂的可能。婚姻破裂是我们生活中常遇到的问题，也是不可避免的问题。但是，如果将婚姻看作是一种责任和义务，尽心尽力去守护它，那么离婚率将会大大下降。在现实生活中，夫妻之间在婚姻中没有承担好义务是离婚的主要原因，他们或许总幻想着美好幸福的生活，但自己却从不为此努力。换句话说，从不主动创造他们想要的幸福生活。如果是这样的态度，婚姻注定不会幸福。有人说婚姻是童话，有人说婚姻是爱情的坟墓，这都是错误的。把结婚当作恋爱终结的观点也是不正确的。当两个人正式结婚时，他们之间的各种关系才得以建立。如何更好地面对人类的一生是婚姻向他们展示的，为人类做贡献的机会也是婚姻向他们提供的。

婚姻观与人生观

我们经常有一种认识，认为婚姻是一个新起点，或者一段痛苦时光的最后终结，这种文化可以说是当代的流行文化了。比如说我们读过的很多小说结局好像都是主人公在结婚后人生都开始变得顺风顺水、幸福美满，好像他们的工作已经大功告成。可现实中，婚姻并不总是幸福和快乐的，爱情本身不能解决一切问题。婚后有太多事情需要去处理。想要过幸福生活的夫妻就不得不培养起共同的爱好，学会合作，彼此相爱，互相帮助。

在这段关系中，并没有什么神奇的东西可言。每一个人的婚姻观通常可以从他们对生活的态度中体现出来。因此，对一个人全面地了解，你就能知道他们对婚姻的态度。他们的婚姻观通常和他们所做的各种努力目标是一致的。基于这一点，我才可以说为什么一个被娇生惯养长大的孩子在婚后遇到问题总会选择试图逃避，而不是勇敢面对。这样的人在现实生活中是危险的。他们在四五岁时候就形成了自己基本的人生观。他们常常问："我能得到我想要的吗？"在他们的认知里，如果自己想要的得不到，生活就会变得阴郁不堪。他们认为得不到自己想要的，人生便毫无意义。于是，他们开始抑郁，甚至产生自杀的念头，让自己落魄不已，神经错乱。从他们对生活错误的看法中，他们会总结出自己的一系列措施，并认为这些措施超出了其他人的能力范围。在他们的认知中，自己的欲望和想法得到压抑，就是很对不起自己的一件事情。小时候的要风得风、要雨得雨致使他们婚后仍然固执地认为他们会和以前一样获得别人的妥协和退让。他们总是考虑自己的利益，永远不明白什么是合作。在他们眼中，婚姻是肆意妄为的。因此，他们中依然有很多人固执地认为：只要哭的声音够大，只要提出抗议，只要拒绝合作，就一定可以得到自己想要的。他们企图不劳而获，贪得无厌。他们不希望自己的婚姻被束缚住，所以要各种尝试，同居、试婚、结婚、离婚。他们可以随意丢弃一段不想要的婚姻，并寻找新的婚姻。我认为，两个真正相爱的人在婚姻中应该会具有这些特点：有责任感、相互信赖、忠实可靠。他们如果不能处理好婚姻关系，便也不会处理好自己的人生问题和社会角色。

关心孩子的幸福也是必要的。如果双方不互相信任和忠诚，那对于孩子的抚养也会成为一个大问题。如果一个孩子的父母经常争吵，对家庭没有责任感，认为他们之间的问题不能顺利解决，他们的关系也不可以继续延续，在这种环境下长大的孩子也不会得到好的发展。

有些人根本不适合结婚，但是出于各种原因，他们走到了一起。但我认为他们最好是分开。不过，由谁来做出分手的决定呢？是那个对这段关系没有责任感的人吗？还是那个只顾自己利益的人？这样的人，对待离婚和对待结婚的态度是一样的，他们会考虑自己能够从这段关系中得到什么。所以，他们不适合做分手决定。我们可以看到有很多人一再地结婚、离婚，犯同一个错误并不断和人纠缠。也许我们可以想象得到，在你认为婚姻不应该继续下去的时候，应该由心理学家来做出分手的决定。但是，目前在我们国家，这是不现实的。我不知道美国是什么情况，但我发现欧洲心理学家通常第一个考虑个人幸福感。因此，当有病人向他们求助时，他们往往建议患者去找个人。可是这种做法早晚会被摒弃。因为他们没有总体考虑问题也没有对病人在其他问题上的关系进行考虑，而这应该是我们需要早期关注的。

婚姻同样还会出现问题的人，还有将婚姻问题当成个人问题的人。在欧洲，当患有某些神经病症的男孩或者女孩向心理医生求助时，心理医生会建议他们去恋爱或者开始性行为。对于成年人来说，他们也会给予同样的指导。在他们看来，爱是一剂良药。结果病人却变得更加彷徨，更加不知所措。爱情和婚姻问题的正确解决是整个人格最完美的实现。没有什么问题比它更包含快乐。但是我们绝不能把其看作是一件微不足道的小事，更不能当作是治疗犯罪、酗酒或神经障碍的灵丹妙药。它与一个人的价值观和幸福密切相关。患有神经障碍的人应该首先治疗他们的疾病，然后再结婚，而不是逆行。如果他们自己的问题没有得到很好的解决，就去结婚，婚后必然会遇到更多的困难。维持幸福的婚姻需要很多技巧，如果一个人没有做好承担责任的准备，那还是不要去尝试。

而有些人面对婚姻时常有不正当的目标，他们为了经济上的安全而结婚，为了怜悯别人，为了报恩，甚至为了获得一个仆役而结婚。这些是对高尚婚姻的侮辱。有些人还会选择将婚姻作为自己逃避的借口。例如，当一个男人在事业上失败，在学业上不顺时，他会很有挫败感，于是选择结婚，并借口说自己被婚姻束缚住，所以才会有失败的现状。他扬言说，之所以有现在这样的困境，是因为婚姻束缚住了自己，给自己添了麻烦。

我们需要以正确的方式来正确看待爱和婚姻的重要性，既不高估也不低估。在我曾经见到过的失败婚姻中，女性貌似更容易遭受伤害。毫无疑问，在传统文化的背景下，男人相对女人而言的确会受到较少的束缚。我们知道这种观点是错误的，但这种错误的观点也并不会因为几个人能够认识到而改变。在婚姻中，单方面的反抗总会扰乱社会关系和夫妻间的兴致。要想彻底改变这种境况，我们就必须改变我们的传统观念。我的一个学生，底特律的罗席教授，曾做了一项调查，根据调查结果发现，42%的女孩子希望自己是男孩，这足以表现出绝大多数女孩对自己性别的不满。让我们想想，如果近一半的女孩对自己的性别不满意，并都认为男性地位高于女性地位，那我们如何真正解决婚姻问题呢？当女人们总是被人歧视，认为自己只不过是男人们的玩物，并认为男人的花心是理所应当的事情时，爱情和婚姻的问题还可以轻易解决吗？

通过以上观点，我们轻而易举地就可以得出一个简单并且实用的结论。一夫多妻或一夫一妻并不是人类天生的制度。但是，被分为两性居住在地球上的我们必须和我们平等的人类交往，并且必须有效地解决环境强加于我们的三个生活问题。事实证明：一夫一妻是唯一的解决办法。因此，一夫一妻最有利于婚姻的幸福和人类的发展。